Hors-Série 3 de Sciences & Info Prépas

LE NOYAU ATOMIQUE

Théories et Modèles

(RENCONTRE DU QUATRIÈME TIPE)

Sous la direction d'Hervé Lehning

EDITIONS POLE

Les Auteurs de ce Hors-Série

Elise Delchambre	Doctorante à Cadarache
Nicolas Delerue	Doctorant en physique des particules, enseignant à l'université de la Méditerranée
Valérie Laurent	Professeur de chimie en PCSI au lycée Descartes à Tours
Hervé Lehning	Professeur de Spéciales au lycée Janson de Sailly de Paris
Benoît Rittaud	Maître de Conférence à l'université Paris XIII
Chérif Zananiri	Professeur de Spéciales au lycée Marceau de Chartres

Sciences & Info Hors Série n°3

Le Noyau atomique

Le magazine
Sciences & Info Prépas
Commission paritaire :
0701 T 78924
Dépôt légal à parution
est publié par POLE

Directeur de la publication :
Gilles Cohen

Rédacteur en Chef
Hervé Lehning

Comité de rédaction
Gilles Cohen
Hervé Lehning
Chérif Zananiri

P.A.O.
Romina Borgne

Illustrations
Guillaume Legoupil

Correspondance
POLE - S & I Prépas
B.P. 87 - 75622 Paris cedex 13

Abonnements
Tel : 01 39 98 83 50
Fax : 01 39 98 83 5252

Imprimé par
Louis Jean
05000 GAP

Editorial

Ce numéro spécial de Sciences & Info prépas est destiné à aider les élèves de classes préparatoires dans leur préparation de l'épreuve de T.I.P.E. des concours de la session 2002.

Le thème "Le noyau atomique" est davantage physique et chimique que "composition et décomposition" (qui fait l'objet d'un autre ouvrage). L'usage des mathématiques et de l'informatique n'est cependant jamais bien loin car les calculs de la mécanique quantique ne sont pas simples.

Ce numéro pluridisciplinaire regroupe quatorze articles qui, comme les articles scientifiques (voir ci-contre) des numéros ordinaires du magazine, peuvent être utilisés pour s'entraîner à l'analyse de documents scientifiques. Ces articles sont également destinés à suggérer des pistes et des ouvertures pour le choix personnel de T.I.P.E. En aucun cas, il ne s'agit de T.I.P.E. "clefs en main". Ils n'en ont pas toujours l'esprit car leur but est différent mais, surtout, le fait même qu'ils soient publiés interdit leur utilisation sans "redigestion" personnelle.

D'autres renseignements utiles pour les T.I.P.E. et les concours de façon générale se trouvent dans les numéros ordinaires de Sciences & Info et sur son site internet dont l'adresse est :

http://www.infoprepas.com/

Vous y trouverez en particulier une liste de pistes possibles pour le choix d'un T.I.P.E. et un forum destiné à faciliter la communication des étudiants préparant un T.I.P.E. entre eux ainsi qu'avec nos auteurs et d'autres spécialistes des questions traitées ou non dans nos ouvrages.

Meilleurs vœux de succès à tous.
La Rédaction

Articles déjà parus dans Sciences & Info sur le thème

numéro 1 :
Représentation des orbitales

numéro 4 :
Les orbitales moléculaires

numéro 6 :
Histoire de la relativité

numéro 7 :
Au cœur de la matière

numéro 10 :
Les trous noirs

numéro 11 :
Sonder les profondeurs de la matière

Transformations & fonctions (HS 1) :
A l'échelle de l'atome

Le noyau atomique

Généralités

Industrie nucléaire

Applications non énergétiques

Chimie théorique

Physique théorique

THEORIES, MODELES ET TECHNOLOGIES RELATIFS AU NOYAU ATOMIQUE

Les thèmes de TIPE pour l'année 2001-2002 sont communs aux filières MP, PC, PSI, PT, TSI, TPC. Les candidats devront choisir l'un ou l'autre des deux thèmes de TIPE, A ou B, pour l'année 2001-2002. Le thème A fait l'objet du Hors-Série numéro 2, voici le thème B.

Introduite dès l'Antiquité, la notion d'atome n'est réapparue qu'avec Dalton au début du XIXème siècle. À la base de la physique et de la chimie, la théorie atomique a mis plus d'un siècle à s'imposer. Au cours du XXème siècle, physiciens, chimistes et ingénieurs ont découvert la complexité de l'atome et de son noyau, donnant ainsi le départ à des théories et à des découvertes qui ont bouleversé la science, certaines techniques, et la société : radio-activité, mécanique ondulatoire, fission et fusion nucléaires, techniques radiographiques, bombe atomique...

Tout ce qui touche au noyau atomique : nucléaire naturel, nucléaire artificiel, applications médicales, agroalimentaires, industrielles, énergétiques, permettra au candidat d'étudier les théories, les modèles, les méthodes et les applications mettant en œuvre les grands principes des mathématiques, de la physique, de la chimie et des sciences industrielles.

Le travail réalisé au cours de l'année ne pourra en aucun cas se réduire à une simple étude bibliographique. Une partie au moins devra être originale : étude à partir de documents, modélisation, mesure ou interprétation, manipulations en physique ou en chimie, travaux pratiques en sciences industrielles pouvant être conduits sur des matériels présents dans les établissements. Font partie du thème du TIPE les travaux sur les installations rendant possibles l'industrie nucléaire (par exemple : installations thermiques, télémanipulations, robotique). Bien évidemment, il n'est pas attendu des élèves qu'ils aient accès à ces appareillages eux-mêmes, ni à ceux des applications du nucléaire énumérées ci-dessus, mais seulement à du matériel qui permette d'en étudier certains aspects.

Les Conseils de Sciences & Info

Précisons d'abord que le thème est en liaison avec le noyau et non avec l'atome ; il est donc plus limité. Traiter le cortège électronique, semble de ce fait, hors sujet. A priori, le thème nous semble difficile à développer car l'aspect expérimental est pauvre et les réalisations au lycée impossibles. Bien entendu, diverses études restent possibles, mais globalement, il faudra être très prudent pour qu'encore une fois, on évite les sujets "catalogues" et le travail bibliographique primaire : le T.I.P.E. engage le candidat à faire preuve d'initiative et ne cherche pas à valoriser les rats de bibliothèques.

Proposons des exemples :

1. Bien sûr, l'historique ne peut être omis : l'apparition et l'évolution du concept d'atome, ensuite celui du vide dont il constitue le second pendant. Il semble que cela remonte à Parménide, Démocrite, Galilée, et se poursuit avec les atomistes du début du vingtième siècle. Les découvertes de Marie et d'Irène Curie sont intéressantes à cet égard. Les remarques des textes officiels, évoquent la radioactivité, la mécanique ondulatoire, la fission, la fusion, la radiographie et les bombes bien évidemment.

2. Les applications de la radioactivité dans divers domaines : le médical, l'agroalimentaire, l'archéologie (datation) l'énergétique, les surrégénérateurs, Superphénix, les générateurs construits sur différents modèles, les centrales électriques, les exploitations pour les navires, les sous-marins, les porte-avions. Les polémiques actuelles sur le nucléaire civil, etc.

3. Le noyau atomique ne peut être compris que grâce à la théorie quantique. On peut donc imaginer des thèmes portant sur ses lois et ses concepts de base, les contradictions apparentes avec les physiques du monde macroscopiques, les effets de type "tunnel", les relations entre propriétés macroscopiques et structure microscopique, etc.

4. La théorie quantique introduit les probabilités de présence et les indéterminations de Heisenberg. Ces thèmes sont sujets à polémiques, car ils semblent donner de la physique une image indéterministe : Dieu joue-t-il aux dés ? Les très nombreux dialogues entre Einstein, hostile à cette conception, et les pères fondateurs tels Bohr, sont à ce sujet des modèles de réflexion constructive ; ils ont donné à cette jeune théorie les assises solides qui la rendent incontournables pour l'étude de certains milieux.

5. La stabilité du noyau s'interprète par la définition de deux types d'interactions : l'interaction dite forte liant les nucléons entre eux, et l'interaction dite faible expliquant la radioactivité bêta. Ces deux mécanismes introduisent des cortèges de particules, dont les plus importantes n'ont été découvertes que récemment.

6. On peut s'intéresser également à la structure des nucléons. On a montré que ceux-ci sont eux-mêmes fabriqués à partir de quarks et de gluons. Après avoir défini les charges, les masses, les spins, on en est à l'introduction du charme, de la couleur et de la saveur de ces particules sub-atomiques.

7. On peut également s'intéresser à des applications frisant la science fiction comme le codage et les ordinateurs quantiques et (pourquoi pas ?) la téléportation. Dans ce cas, il faudra veiller à rester sur un terrain concret et éviter de trop partir dans le rêve. Cependant, remarquez qu'il n'est pas interdit de programmer des ordinateurs n'existant pas encore. L'informatique est née ainsi avec les programmes écrits par Ada Lovelace pour la machine de Babbage.

Insistons sur la prudence avec laquelle on doit s'engager dans un tel thème, car on vous juge sur votre initiative, mais également on veut par-dessus tout que votre discours soit concret. Si le travail expérimental en lycée est difficile, il ne faut pas hésiter à se rendre sur les lieux de la recherche et de l'expérimentation : penser aux centrales EDF, aux laboratoires, à l'industrie. Le conseil à donner consiste à prendre contact le plus tôt possible, on peut imaginer sans mal l'afflux de demande vu le nombre élevé d'étudiants en classes prépas.

suite sur notre site :
http://www.infoprepas.com/

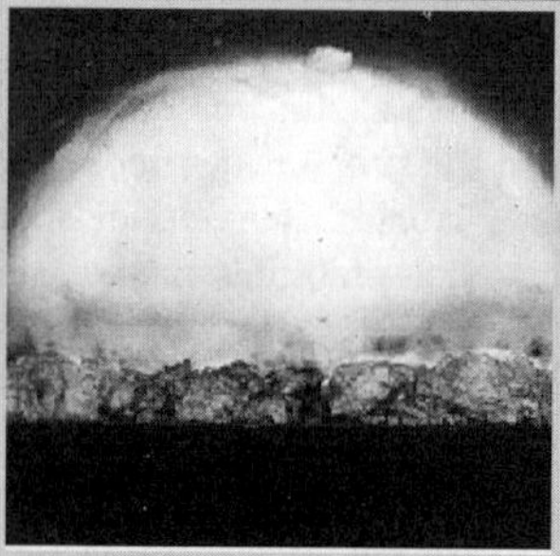

La première bombe atomique a explosé dans le désert du Nouveau Mexique.

Comment Faire une Bombe A

Comment fabriquer une bombe atomique ? L'histoire du projet Manhattan montre les diverses options (uranium et plutonium) et les problèmes. Pas si facile à faire en amateur.

Le 6 août 1945, la ville d'Hiroshima était en grande partie détruite et l'humanité découvrait les effets d'une nouvelle arme bien plus terrifiante que toutes celles qui avaient existé jusqu'alors. Voici l'histoire de la construction de la première bombe atomique.

La fission, phénomène sur lequel repose le principe de la bombe atomique a été découverte en 1938 au cœur de l'Allemagne Nazie par les physiciens allemands Otto Hahn et Fritz Stassmann. Très rapidement, la communauté des physiciens du monde entier prit conscience du potentiel que représentait cette découverte. Craignant que l'Allemagne nazie ne mette au point une arme utilisant ce principe, trois physiciens réfugiés aux États-Unis (Leo Szilard, Edward Teller et Eugene Wigner) demandèrent au plus célèbre des scientifiques ayant fui le nazisme, Albert Einstein, d'écrire une lettre au président Franklin Roosevelt pour le mettre en garde et lui suggérer d'entreprendre des recherches dans ce domaine. Franklin Roosevelt accepta et les premières recherches commencèrent peu après, les États-Unis bénéficiant des connaissances de nombreux physiciens européens réfugiés et motivés dans la lutte pour la défense de la liberté.

Séparation des isotopes

Le phénomène de fission découvert se produisait avec l'isotope 235 de l'uranium, or l'uranium naturel contient majoritairement de l'uranium 238. Il fallait donc trouver une méthode de séparation de ces deux isotopes, ces méthodes furent étudiées à Washington par Philip Abelson. Pendant ce temps, à Chicago Enrico Fermi mettait au point un prototype de réacteur utilisant le principe de fission.

Cependant, en 1941 les recherches n'avaient guère avancé. C'est alors qu'intervinrent deux éléments majeurs : des physiciens britanniques démontrèrent que quelques grammes de combustible nucléaire produiraient une explosion correspondant à plusieurs tonnes de TNT et les japonais attaquèrent Pearl Harbor, projetant les États-Unis dans la guerre. Il fut alors décidé de donner une plus grande priorité à la mise au point de bombes nucléaires.

Les neutrons rapides

À cette époque, une bombe A semblait réalisable, mais des questions théoriques demeuraient. Robert Oppenheimer organisa durant l'été 1942 un séminaire réunissant de nombreux physiciens au cours duquel la faisabilité de la bombe fut étudiée. Parmi les questions encore en suspens se trouvait celle des neutrons rapides. En effet, la fission d'un noyau d'uranium provoque l'émission de neutrons rapides (voir l'article sur "les centrales nucléaires"). Le comportement de ces neutrons était très mal connu à l'époque. Afin d'augmenter le nombre de neutrons réagissant au moment de l'explosion, des matériaux réfléchissant les neutrons rapides vers le cœur de la bombe étaient étudiés au laboratoire de métallurgie de Chicago.

La production d'uranium 235 (uranium enrichi) en quantité suffisante pour les besoins du projet était aussi l'une des priorités, malheureusement aucune des méthodes explorées alors n'avait un rendement suffisant pour permettre d'envisager une production de masse à un coût raisonnable.

Regroupement sur un site

En 1942, les études sur les neutrons rapides étaient fortement ralenties par l'éparpillement des laboratoires sur le territoire américain et par le fait que les règles de sécurité militaires qui gouvernaient le projet freinaient fortement la communication en interdisant, par exemple, toute communication téléphonique. Il fut donc décidé de regrouper les équipes de recherche sur un seul site, dans une zone isolée afin d'épargner les populations civiles en cas d'accident dans ce nouveau laboratoire. Fin 1942, le site de Los Alamos dans le Nouveau Mexique avait été choisi et Robert Oppenheimer devait prendre la direction scientifique du nouveau laboratoire en cours de construction.

La première réaction en chaîne

Parallèlement au choix du site de Los Alamos, le projet, désormais appelé "Manhattan project", reçut une confirmation expérimentale de la faisabilité d'une réaction en chaîne : le 2 décembre 1942, Enrico Fermi réalisa à l'université de Chicago la première réaction en chaîne de fission. La "pile nucléaire" de Fermi était

Robert Oppenheimer

Robert Oppenheimer (1904-1967) fut choisi en 1943 comme directeur scientifique du centre de Los Alamos. Après la fin de la guerre, il s'opposa au prolongement du programme vers la bombe H.

Les deux bombes

La bombe à l'uranium (surnommée "little boy", à gauche) sera lancée sur Hiroshima et celle au plutonium (surnommée "fat man" à droite) sur Nagasaki.

composée de 400 tonnes de graphite et de 22 000 sphères d'uranium réparties en 57 couches entres lesquelles étaient insérées des barres de cadmium servant de barres de contrôle et de sûreté (voir l'article sur "les centrales nucléaires"). Après avoir fait retiré progressivement les barres de sûreté, Fermi mesura l'augmentation de l'activité dans les compteurs, prouvant qu'une réaction en chaîne auto-entretenue avait lieu dans la pile. La première réaction en chaîne venait d'avoir lieu. Pendant qu'ils fêtaient leur succès l'un des membres de l'équipe ne pût s'empêcher d'espérer "Pourvu que nous soyons les premiers à réussir". Nul ne savait où en étaient les recherches allemandes dans ce domaine (voir l'encadré "la bombe allemande").

La production d'uranium enrichi

La production du combustible nécessaire à la bombe était aussi en bonne voie en cette fin d'année 1942. Un site avait été choisi dans le Tennessee pour produire de l'uranium enrichi par séparation des isotopes 235 et 238. La première méthode de séparation isotopique de l'uranium fut la séparation magnétique : du tétrachlorure d'uranium (gazeux) était chargé électriquement puis passé à proximité d'un aimant. L'uranium 235, plus léger tombait plus près et était collecté alors que l'uranium 238 tombait plus loin et était rejeté. Cette méthode subit malheureusement des difficultés techniques et un seul gramme d'uranium 235 put être produit. La seconde méthode utilisée fut la diffusion isotopique. Utilisant la propriété qu'ont les éléments plus légers de diffuser plus rapidement, de l'hexafluorure d'uranium est envoyé à travers une série de filtres poreux. Après la traversée d'un grand nombre de filtres, la proportion d'uranium 235 dans le gaz est beaucoup plus grande. Cette méthode fut utilisée pour la majeure partie de la production d'uranium 235. Une troisième méthode fut essayée, elle consistait en la centrifugation d'un gaz d'uranium, découverte plus tard cette méthode fut abandonnée faute de temps

Cette montre d'une personne se trouvant à Hiroshima s'est arrêtée quand la bombe a explosé le 6 Août 1945. Il fallut l'explosion de la seconde à Nagasaki pour que le Japon capitule.

pour sa mise au point, elle est néanmoins utilisée de nos jours (ainsi que la seconde méthode) pour l'enrichissement de l'uranium civil.

En 1941 Glen Seaborg découvrit le plutonium et observa que son isotope 239 ferait un excellent combustible nucléaire. La production de plutonium 239 se fait à partir d'uranium 238 que l'on laisse réagir dans une pile similaire à celle de Fermi pendant une longue durée : l'uranium 238 capture alors un neutron pour devenir de l'uranium 239 qui se transforme alors par double désintégration β^- en plutonium 239 (voir l'article "jouer avec les noyaux atomiques"). Cinq réacteurs de production de plutonium furent construits sur un site isolé (pour éviter les dégâts en cas de réaction en chaîne) dans l'état de Washington. Deux combustibles (uranium 235 et plutonium 239) étaient donc produits dans deux sites différents et disponibles pour la mise au point de la bombe.

Une bombe allemande ?

La motivation principale de nombreux chercheurs impliqués dans le projet Manhattan était d'éviter que les valeurs de l'Allemagne nazie ne soient appuyées par l'arme nucléaire. Durant toute la guerre l'une des questions que se posaient les états-majors alliés était : "Quel est l'état d'avancement du projet nucléaire allemand". Il ne faut pas oublier que la réaction en chaîne avait été prédite par des physiciens restés (de gré ou de force) à Berlin. Lors des débarquements de 1944 des équipes spécialisées devaient recueillir des échantillons afin d'évaluer les recherches menées par l'Allemagne dans ce domaine. Ces échantillons ne montrèrent aucune trace de recherche d'arme nucléaire.

Thomas Powers, dans "Le Mystère Heisenberg" suggère que l'atomiste en chef allemand Werner Heisenberg ne voulait pas donner cette arme à Hitler : "autant remettre une caisse de TNT à un gamin de 3 ans". Il aurait donc sciemment agi contre le Führer. Cette version donne le beau rôle aux savants allemands. Notez cependant qu'elle ne repose que sur leurs propres déclarations. Les considérations éthiques troublaient moins leurs collègues travaillant dans les autres secteurs de l'industrie de l'armement.

La bombe à l'uranium

Richard Feynman fut chargé de calculer la masse minimum d'uranium nécessaire pour atteindre et dépasser la masse critique à partir de laquelle se produit la réaction en chaîne. Ses calculs amenèrent à une masse de 50 kg d'uranium pur, mais étant donné la présence d'impureté, il fut décidé d'utiliser 100 kg afin d'atteindre une masse supercritique entraînant la réaction exponentielle souhaitée. Étant donné la faible quantité d'uranium disponible, il fut décidé qu'une seule bombe à uranium serait fabriquée. Son fonctionnement devait donc être suffisamment simple pour qu'elle fonctionne du premier coup, sans prototype de test. L'idée était donc d'assembler, au moment de l'explosion suffisamment d'uranium pour atteindre la masse supercritique. Il fallait que cet assemblage se fasse très rapidement pour éviter que le début de l'explosion ne disperse l'uranium avant que la bombe ait atteint sa pleine puissance. Cependant, il fallait aussi éviter tout risque d'explosion pendant le transport et donc, pour cela, séparer l'uranium en plusieurs morceaux. Le principe retenu fut celui d'un cylindre d'uranium dont le cœur (aussi constitué d'uranium) serait ajouté très rapidement au moment de la détonation. Pour pouvoir amener suffisamment rapidement le cœur dans le reste du cylindre, celui-ci fut “propulsé” par des explosifs conventionnels (TNT). Pour optimiser les dégâts, la bombe fut équipée d’un altimètre afin que celle-ci explose avant de toucher le sol.

La bombe au plutonium

La mise à feu de la bombe au plutonium ne pouvait pas se faire aussi facilement car le plutonium n’émet pas suffisamment de neutrons pour démarrer lui-même une réaction en chaîne. Par contre, il suffisait, selon les calculs de Richard Feynman de 16 kg de plutonium pour atteindre la masse critique. Cette quantité pouvait être abaissée à 10 kg si l’on ajoutait de l’uranium 238 autour de la bombe pour réfléchir les neutrons vers le plutonium (or l’uranium 238 est facile à obtenir, puisque c’est l’isotope dominant dans l’uranium). Afin d’obtenir les neutrons nécessaires, une source de neutrons faite à base de béryllium et de polonium fut mise au cœur de la bombe. Autour de ce cœur se trouvaient deux demi-sphères de plutonium. Au moment de la mise à feu ces deux demi-sphères seraient propulsées sur la source de neutrons par des explosifs conventionnels réunissant ainsi en même temps (un dix millionième de seconde) la masse supercritique nécessaire et la source de neutrons.

Des canaux atomiques

Des ingénieurs voulurent utiliser la puissance de telles bombes en remplacement du TNT pour creuser des canaux. Des essais furent menés dans le Nevada et dans la presqu’île de Kola (Union Soviétique). Au Nevada, 27 bombes furent utilisées à cette fin dans les années 1960. Malheureusement la radioactivité produite par de ces explosions rendent les canaux ainsi creusés trop dangereux pour un usage civil.

Doutant de la fiabilité de ce mode de fonctionnement, les scientifiques décidèrent de faire un test préalable à l’utilisation de la bombe.

La première explosion

Ce test fut décidé à la fin de l’année 1944 et il fallut 8 mois pour le préparer. Cependant entre temps, le président Roosevelt était mort et avait été remplacé par le président Truman qui, à cause du secret défense, ignorait tout de la bombe avant sa prise de fonction. La reddition de l’Allemagne en mai 1945 amena les scientifiques à se demander si la bombe était encore nécessaire (n’oublions pas que c’est pour lutter contre l’Allemagne qu’Einstein avait soutenu cette idée) alors que le Japon montrait de clairs signes de faiblesse. Le test, connu sous le nom de Trinity test, eu tout de même lieu le 16 juillet 1945 dans le désert du Nouveau-Mexique, donnant lieu à une explosion équivalent à 20 000 tonnes de TNT, beaucoup plus que prévu.

Ethique

Les dégâts de ce test, bien plus considérables que ne laissaient prévoir les calculs, soulevèrent des interrogations sur la nécessité de lancer ces bombes alors que le Japon avait virtuellement perdu la guerre. Le 11 juin 1945 de nombreux chercheurs remirent le “rapport Franck” dans lequel se trouvaient de nombreux arguments contre l’utilisation de la bombe.

Parmi ces arguments se trouvait le risque d'une course aux armements après la guerre, les pertes civiles qu'elle occasionnerait et des raisons éthiques. Le rapport proposait de démontrer la puissance de la bombe à des observateurs japonais sans l'utiliser sur une cible civile. Cependant, l'entêtement des militaires japonais qui, même s'ils ne pouvaient renverser le cours de la guerre, pouvaient encore infliger des pertes sévères aux armées américaines et d'autres raisons l'emportèrent et le 6 août à 8 h 15 la bombe à uranium explosait à 600 mètres au-dessus d'Hiroshima faisant 66 000 morts directs et plus de 200 000 morts indirects. Le 9 août 1945 la seconde bombe à plutonium était lachée au-dessus de la ville de Nagasaki par un bombardier B-29 presque à court de carburant. La bombe manqua sa cible de plus d'un kilomètre et demi mais fit tout de même près de 40 000 morts directs et 70 000 morts indirects. Le 11 août le gouvernement japonais signalait à la Suisse son intention de capituler. Le 15 août la capitulation sans conditions du Japon était acceptée par les États-Unis. La paix était revenue.

La bombe à fusion

Après la guerre, les recherches continuèrent afin d'exploiter le principe de fusion pour faire une bombe encore plus puissante. Oppenheimer fut écarté du projet car il fut soupçonné, en plein maccarthysme, d'avoir des amitiés communistes. Ce fut donc Teller qui mena les recherches sur ce genre de bombe, appelée bombe H, puisqu'elle fonctionne avec de l'hydrogène. Étant donné que pour initier une réaction de fusion il faut une énorme quantité d'énergie les bombes à fusion contiennent une bombe à fission qui sert de détonateur. La bombe H fut mise au point en 1951 et depuis les États-Unis en ont produit plus de 67 500 dont un millier a été utilisé lors de tests et 11 "égarées" lors de manœuvres et jamais retrouvées.

L'origine des bikinis

Après la guerre, la puissance développée par l'atome marqua fortement les esprits et l'on vit apparaître de nombreux produits se déclarant atomique ou utilisant des mots associés à l'atome. Un fabricant de vêtements de plage eu ainsi l'idée de nommer une gamme de maillots de bains d'après le nom de l'atoll où avaient lieu, en 1946, les essais atomiques américains ; l'atoll de Bikini !

La mise au point de la première bombe atomique fut donc une immense entreprise scientifique motivée avant tout par des motifs humanitaires dans le contexte de suprématie allemande du début de la seconde guerre mondiale. Bien entendu, c'est bien peu dire que son utilisation pose des problèmes éthiques mais l'équilibre des terreurs nous a probablement évité une troisième guerre mondiale.

Nicolas Delerue

Bibliographie

http://www.lanl.gov/

http://seattletimes.nwsource.com/trinity/

http://www.me.utexas.edu/~uer/manhattan/project.html

http://www.nuc.umr.edu/~ans/

Vue aérienne d'une centrale nucléaire.

Les Centrales Nucléaires

Plus de 77% de l'électricité française est produite dans des centrales nucléaires. Comment fonctionnent ces centrales ? Quels sont les différents types de réacteurs existants dans le monde ? Quel est le futur du nucléaire ?

La France abrite 58 réacteurs nucléaires en activité répartis sur 19 sites. Ces réacteurs ont fortement contribué à l'amélioration de l'indépendance énergétique française depuis la crise énergétique des années 1970 et entre 1974 et aujourd'hui la part du nucléaire dans la production d'électricité en France est passée de 8% à plus de 77%.

Chaque centrale possède un cœur où se trouve le combustible nucléaire. Dans ce cœur se produit la réaction de fission du combustible qui dégage de la chaleur. Cette chaleur est ensuite véhiculée hors du cœur par un liquide de refroidissement qui entraîne des turbines et produit ainsi de l'électricité.

Au cœur : un jeu de billard en chaîne

Dans le cœur la réaction de fission en chaîne s'apparente à un immense jeu de billard : un noyau de combustible, en fissionnant, émet quelques neutrons. Ces neutrons sont émis à grande vitesse du noyau (20 000km.s^{-1}) et ils vont percuter d'autres noyaux de combustible. L'arrivée dans ces noyaux de combustible d'un neutron supplémentaire possédant une grande énergie va perturber les équilibres du noyau (voir l'article "jouer avec les noyaux atomiques") entraînant la fission de ceux-ci qui vont à leur tour émettre des neutrons (à condition que le noyau ait été

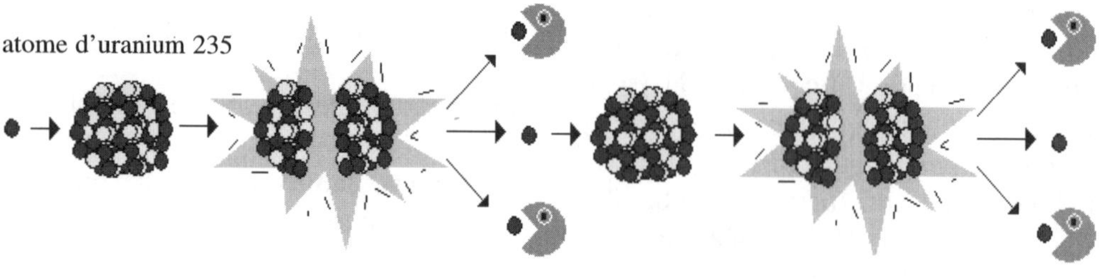

réaction en chaîne dans le cœur d'un réacteur.

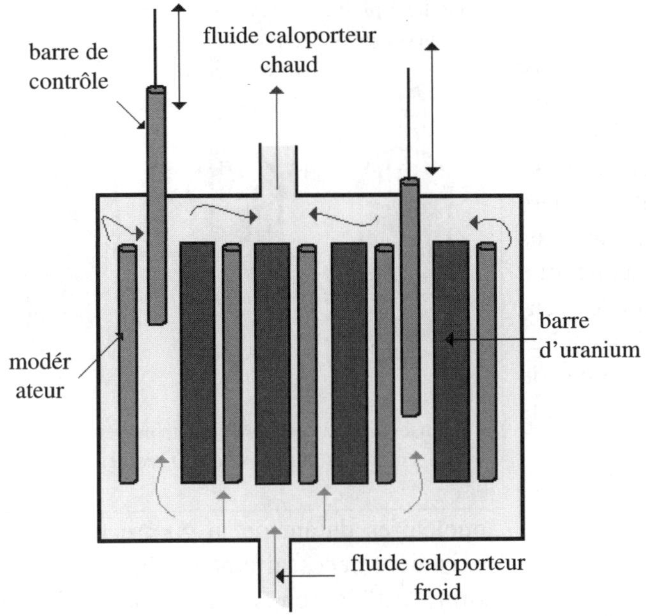

Schème du cœur d'une centrale nucléaire.

Etre trop rapide réduit l'efficacité

Un neutron qui passe à la vitesse de 20 000 km.s^{-1} prés d'un atome d'uranium a très peu de chance de réagir avec lui. Par contre, s'il passe beaucoup plus lentement, les chances de réactions augmente. Le cœur de la centrale va donc être empli d'un composant destiné à réduire la vitesse des neutrons. Ce composant est appelé modérateur, il peut être constitué soit de carbone (graphite), d'eau lourde ou encore de variétés moins fissiles de l'uranium (Uranium 238).

bien choisi et soit propice à ce genre de réaction, comme c'est le cas de l'uranium 235).

Un rapide calcul permet de voir qu'une seule fission au départ risque d'en entraîner un grand nombre quelques instants plus tard. Si l'on veut maintenir à un niveau contrôlable et stable le nombre de fission qui se produisent dans le cœur du réacteur, il faut donc ajouter un élément qui absorbe une partie des neutrons produits par les fissions. Cet élément est appelé un absorbeur, il peut être fait, par exemple, de bore ou de cadmium. En augmentant la quantité d'absorbeur dans le réacteur, il est même possible de réduire le nombre de réactions jusqu'à arrêter totalement le réacteur. Pour cela, des "barres de contrôle" faites d'absorbeur peuvent être insérées dans le cœur du réacteur afin d'en moduler la vitesse.

Evacuer l'énergie produite

L'énergie produite dans le cœur doit être récupérée et évacuée hors de celui-ci afin de permettre sa conversion en électricité. Cela se fait à l'aide d'un fluide appelé fluide caloporteur. Le plus connu de ces fluides est celui qui circule dans nos radiateurs : l'eau. Mais selon les types de réacteurs d'autres fluides caloporteurs peuvent être utilisés comme par exemple le gaz carbonique ou encore le sodium. Ce fluide caloporteur va amener l'énergie hors du réacteur, mais il ne servira pas directement à actionner les turbines. En effet, lors de son passage dans le cœur le fluide caloporteur peut être devenu radioactif (par exemple si un petit morceau de combustible s'est détaché). Le circuit dans lequel circule le fluide caloporteur, appelé circuit primaire, est donc entièrement étanche et un échangeur de chaleur permet au fluide caloporteur de transmettre son énergie à un circuit secondaire qui actionne les turbines. Ce circuit secondaire est lui-même refroidi par un troisième circuit constitué d'eau qui se refroidi par échange avec l'atmosphère dans des tours de refroidissement. Les grands panaches de fumée blanche que l'on peut voir au-dessus des tours des centrales nucléaires sont donc des panaches de vapeur d'eau qui ne contiennent pas de produits de fission ou autres déchets radioactifs.

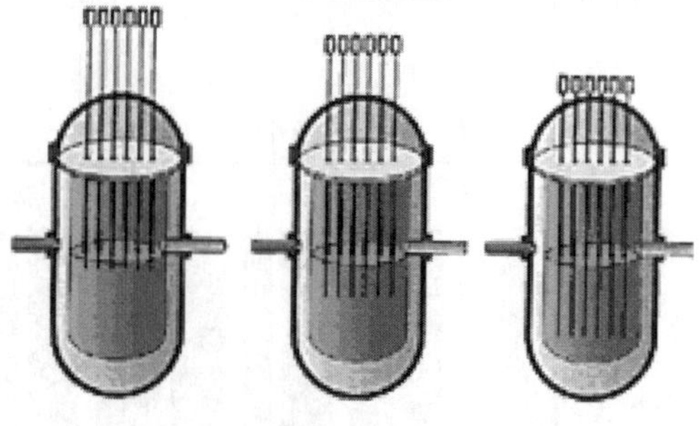

L'insertion des barres de contrôle permet de moduler la puissance du réacteur.

Les différents types de réacteurs

Il existe plusieurs types de réacteurs. Au-delà des différences venant du pays d'origine (les principaux types de réacteurs nucléaires datant de la guerre froide, ils existaient nécessairement à la fois en version "est" et en version "ouest" !), les différences résident dans les choix des principaux constituants (combustible, modérateur, caloporteur, etc.) comme le montre le tableau ci-dessous. Les pre-

Filière (type)	Combustible	Modérateur	Caloporteur
UNGG (uranium naturel graphite gaz)	Uranium naturel	Carbone (graphite)	Gaz carbonique
CANDU (mis au point au Canada)	Uranium naturel	Eau lourde	Eau lourde sous pression
Réacteur à eau bouillante	Uranium enrichi à 3% d'uranium 235	Eau ordinaire (entrant en ébullition) ou graphite	Eau ordinaire bouillante
Réacteur à eau sous pression	Uranium enrichi à 3% d'uranium 235	Eau sous pression (pour la maintenir à l'état liquide)	Eau sous pression
Réacteur à neutrons rapides (aussi appelé surgénérateurs)	uranium enrichi en plutonium	Aucun, les neutrons rapides provoquent la conversion de l'uranium 238 e, uranium 235 (fissile)	Solution liquide

Les principaux types de réacteurs.

miers réacteurs français utilisaient du graphite comme modérateur, mais les réacteurs les plus modernes et les plus répandus, en France comme dans le reste du monde, sont ceux qui fonctionnent avec de l'eau sous pression.

L'inventeur du premier réacteur

Pour former un réacteur, il faut donc avoir une concentration suffisante de combustible (de l'uranium par exemple) avec un absorbeur (de la roche par exemple) et un modérateur (de l'eau par exemple) pour freiner les neutrons. Une intervention humaine est-elle nécessaire pour réunir ces trois ingrédients ?

Imaginez un gisement naturel d'uranium dans lequel s'infiltre de l'eau. Vous avez tous les ingrédients réunis pour obtenir un réacteur naturel. Un tel site a été découvert en 1 972 à Oklo au Gabon. Sur ce site, 17 réacteurs nucléaires naturels ont fonctionné pendant environ 500 000 ans, il y a près de 2 milliards d'années. De plus, l'uranium 238 (non-fissile) capturait des neutrons rapides pour se transformer en plutonium (fissile). Le site d'Oklo opérait donc comme un véritable surgénérateur, alors que ceux mis au point par des humains sont encore en phase d'étude ! Ce site a été intensément étudié par les scientifiques car il montre quelles sont les solutions naturelles aux problèmes qui se posent aujourd'hui à la filière nucléaire et en particulier comment gérer les déchets.

Que faire des déchets ?

En effet, après un certain temps de fonctionnement la plupart du combustible du réacteur a été consommé et il faut songer à le renouveler. Le combustible usagé doit donc être évacuer et traité. A Oklo, la solution mise en œuvre par la nature semble avoir été le stockage sur place. Dans les réacteurs modernes, le stockage sur place n'est pas possible, par contre le stockage souterrain d'une partie des déchets est envisagé. Afin de réduire le volume des déchets, ceux-ci sont triés à leur sortie du réacteur en fonction de leur demi-vie mais aussi de leurs propriétés chimiques. Les déchets ayant une courte demi-vie peuvent être entreposés quelques temps avant de perdre leur acti-

Modélisation d'un réacteur d'Oklo

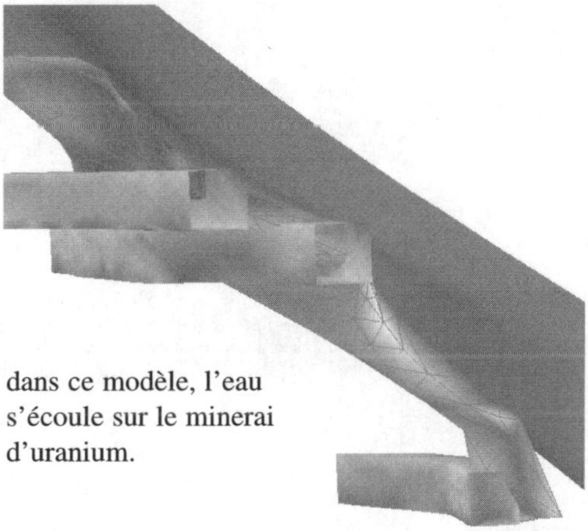

dans ce modèle, l'eau s'écoule sur le minerai d'uranium.

D'après les études faites à partir du modèle représenté ci-dessus, le réacteur atteint son équilibre thermique en moins de dix ans. La température augmente de 50 à 200° au cœur du réacteur mais cette augmentation est très localisée : 40 m plus loin, elle est normale.

Mars en trois mois

La NASA travaille depuis 1993 sur un moteur plus puissant et plus rapide que les moteurs chimiques actuels : Le moteur à plasma VASIMIR (Variable Specific Impulse Magnetoplasma Rocket). Le plasma est un gaz ionisé, quatrième état de la matière qui peut atteindre plusieurs millions de degré. Aucun matériau ne peut supporter de telle température, mais les propriétés électriques du plasma permettent, en appliquant un champ magnétique, de le confiner dans un volume.

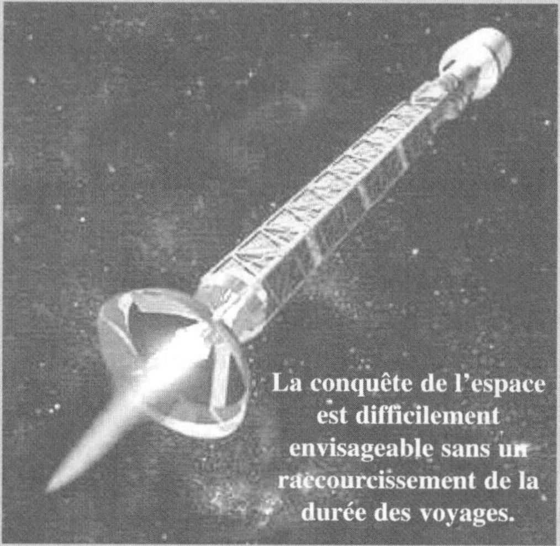

La solution du professeur Tournesol au problème de la chaleur dégagée par un moteur atomique : un nouveau matériau qu'il nomme la tournesolite.

Le moteur est ainsi constitué de trois zones. Dans un premier temps, le gaz (hydrogène) est injecté puis ionisé en le soumettant à des ondes électromagnétiques de fréquence radio. Les ondes radio chauffent ensuite le plasma pour atteindre la température et la densité voulue. Il est ensuite, dans la troisième partie du moteur, accéléré et guidé pour produire la poussée. Sa température en sortie atteint 50 000°C. Les chercheurs doivent faire face à certains problèmes technologiques comme la production et le chauffage du plasma qui nécessite une énergie colossale ainsi que l'installation de bobines magnétique supraconductrices. Ce nouveau type de propulsion pourrait réduire la durée d'une mission sur Mars, pour un vaisseau de 100 Tonnes, de 10 à 3 Mois. Cette nouvelle technique devrait être testée en 2 004 sur une sonde que l'on enverrait en orbite terrestre.

vité et d'être traité comme des déchets industriels normaux. En revanche, ceux qui ont une longue durée de vie sont plus embarrassants. Pour les stocker, il faut être sûr que pendant des milliers (ou des millions) d'année, ils ne s'échapperont pas de leur lieu de stockage, même à la faveur d'un cataclysme. Cela coûte cher et des solutions alternatives ont été envisagées. L'une de ces solutions est la surgénération : par capture de neutrons l'uranium 238 se transforme en plutonium 239 qui est fissile. Un surgénérateur utilise donc une partie de ses neutrons rapide pour convertir de l'uranium 238 et réduire ainsi la quantité de déchets produits. Cette solution a malheureusement l'inconvénient de faire peur car la quantité de matière fissile dans le cœur peut augmenter et certains craignent une perte de contrôle du réacteur. Ces craintes ont aboutit à la fermeture du surgénérateur français SuperPhenix. Le surgénérateur Phenix est, par contre, encore en fonctionnement et sert à l'étude des possibilités d'amélioration de ce procédé.

Le futur

La plupart des réacteurs actuellement en fonctionnement ont été construit suite à la crise énergétique des années 1970 et devront donc être remplacés par de nouveaux vers 2010. Afin de se préparer à cette échéance, Framatome a mis au point un nouveau type de réacteurs à eau sous pression bénéficiant des dernières avancées technologiques en matière de sûreté. D'autres types de réacteurs de nouvelle génération sont à l'étude, en particulier aux États-Unis. En effet, la crise énergétique qui sévit actuellement en Californie a obligé le gouvernement à s'intéresser de nouveau au nucléaire alors qu'aucun nouveau réacteur n'avait été construit depuis l'accident de Three Miles Islands (accident nucléaire grave survenu en 1979 aux États-Unis). À plus long terme des surgénérateurs devraient succéder aux réacteurs actuels avant que ceux-ci ne soient eux-mêmes rendus obsolètes par l'arrivée des réacteurs à fusion (voir l'article sur la fusion).

En attendant les réacteurs à fusion, les besoins énergétiques mondiaux vont continuer à augmenter et la construction de nouveaux réacteurs reste l'une des rares solutions permettant de produire suffisamment d'énergie à bon prix tout en limitant la production de gaz à effet de serre.

Nicolas Delerue

Bibliographie

[1] http://nucleaire.edf.fr/

[2] http://www.cea.fr/ et http://www.cea.fr/Fiches/

[3] http://www.ipsn.fr/

[4] http://www.curtin.edu.au/curtin/centre/waisrc/OKLO/index.shtml

[5] http://www.iaea.org/

[6] http://www.asn.gouv.fr/

La fusion nucléaire est à l'œuvre dans le soleil et les étoiles.

L'ENERGIE DU FUTUR

Que ferons-nous quand les réserves de pétrole seront épuisées ? Une solution passe par la fusion nucléaire contrôlée mais elle pose des problèmes technologiques nouveaux.

La consommation mondiale d'énergie triplera d'ici l'an 2 050. On estime que les combustibles fossiles seront épuisés dans 40 à 50 ans pour le pétrole comme pour l'uranium, un peu davantage pour les autres. La production d'énergie est donc une nécessité pour notre civilisation car elle en est dépendante. La découverte et la maîtrise d'une source d'énergie inépuisable, rentable et sans danger pour l'environnement constitue donc un enjeu fondamental. C'est pourquoi la recherche sur la fusion thermonucléaire contrôlée fait l'objet d'une collaboration scientifique internationale. Nous présentons ici ses principes de base et les problèmes technologiques qu'elle pose.

Les réactions nucléaires

La relation d'équivalence masse-énergie pour un noyau de masse *M*, constitué de *A* nucléons, *N* neutrons et *Z* protons s'écrit :

$$M(A,Z)\ c2 = Z\ m(p)\ c2 + N\ m(n) - B(A,Z)$$

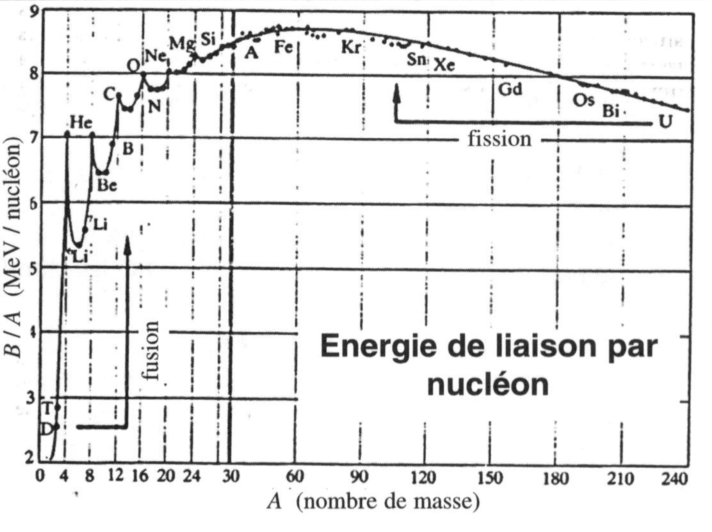

Energie de liaison par nucléon

où $m(n)$ est la masse du neutron et $m(p)$ celle du proton. $B(A,Z)$ est l'énergie de liaison du noyau (de l'ordre du MeV).
Si on réalise la réaction inverse en s'opposant aux forces de répulsion électrostatique entre protons, le gain d'énergie est alors égal à B. Une réaction nucléaire faisant passer d'un système de noyaux à un autre où l'énergie moyenne par nucléon est plus faible

est une réaction exoénergique. Les réactions nucléaires exoénergétiques sont donc :

- La fusion de noyaux légers en noyaux plus lourds.

- La fission de noyaux lourds en noyaux plus légers.

Les réactions de fusion

Il existe de nombreuses réactions de fusion, mais seules celles qui possèdent une section efficace (grandeur homogène à une surface mesurant la probabilité de réaction entre deux particules) suffisante sont intéressantes pour un réacteur à fusion.

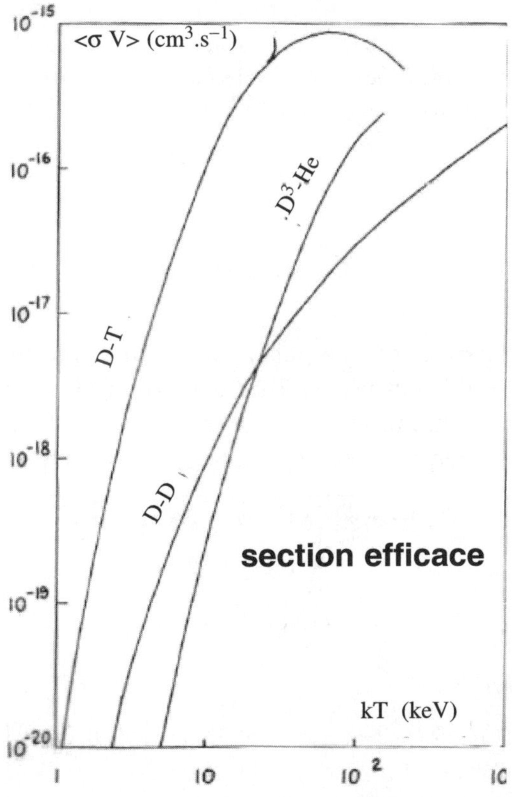

Energies mises en jeu

Dans la pratique, on peut dire que 1 eV correspond à l'énergie acquise par un électron accéléré par une différence de potentiel électrique de 1 V d'où 1 eV = $1,610^{-19}$ Joule,.

Energie potentielle par kg de matière :

charbon	9 kWh
fission (uranium 235)	24.10^6 kWh
fusion (D+T)	94.10^6 kWh

Energie mise en jeu au niveau du processus élémentaire par kg de matière :

charbon	~ qq eV
fission (uranium 235)	~ qq MeV
fusion (D+T)	~ qq MeV

Le noyau d'hydrogène est composé d'un proton, le deutérium d'un proton et d'un neutron, le tritium d'un proton et de deux neutrons. La fusion du deutérium avec le tritium (la plus simple à réaliser) polarise les recherches. Le deutérium est non radioactif, c'est un atome d'hydrogène qui s'est vu rajouter un neutron. Sur terre une molécule d'eau sur 30 000 est de l'eau lourde c'est à dire qu'elle contient deux atomes de deutérium. En fait, 1 m^3 d'eau renferme 34 g de deutérium qui serait équivalent, sur le plan énergétique à 300 000 litres de pétrole. Quant au tritium, d'une période radioactive de douze ans, et donc relativement vite désintégré par rapport à de l'uranium utilisé dans la réaction de fission, il sera produit par

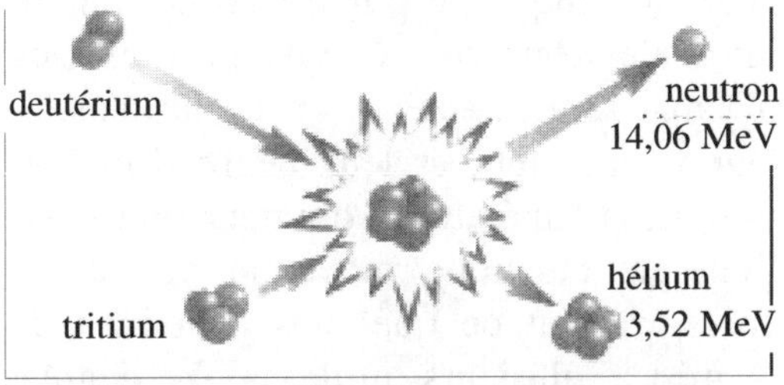

$$H^2 + H^3 \rightarrow He^4\ (3,52\ MeV) + n^1\ (14,06\ MeV)$$

surrégénération du lithium représentant 0,004 % de la croûte terrestre. L'émission de neutrons thermique provenant de la réaction D-T, sera à l'origine de la régénération du tritium, par réaction avec le lithium stocké dans la paroi de la machine. Ce tritium sera alors mélangé au deutérium et réintroduit dans la chambre.

$$n^1 + Li^6 \rightarrow He^4 + H^3 + 4{,}78 \text{ MeV}$$

La réaction de fusion considérée entraîne la formation d'hélium non radioactif. Dans le soleil, les réactions de fusion se déroulent à environ 15 millions de degrés. A ces températures seul l'état plasma existe.

L'état plasma

A l'état solide succède le liquide puis le gaz. Si on chauffe encore la matière, les collisions provoquées par l'agitation thermique entraînent une ionisation du gaz (séparation du noyau et des électrons). Cet état plasma constitue 99 % de l'univers. Dans la nature il est présent dans les étoiles, les milieux interstellaires, la ionosphère, etc. Sur notre planète, cette présence se manifeste sous la forme d'éclairs et d'aurores boréales. Ils sont largement utilisés dans l'industrie : traitement de surface, torches à plasma pour le soudage, technique de pulvérisation pour la microélectronique, télévision, etc. Les plasmas sont caractérisés par leur densité, leur température et leur degré d'ionisation. Les températures, qui mesurent aussi l'énergie cinétique moyenne des particules, varient de quelques centaines de degrés à plusieurs millions de degrés, cette dernière étant atteinte par un plasma chaud thermonucléaire totalement ionisé. Ce type de plasma n'atteint un état d'équilibre thermodynamique complet (où toutes les températures sont égales) qu'à l'état naturel au centre des étoiles. Sur terre, les transferts de chaleur avec les parois des enceintes contenant les plasmas rendent impossible l'existence d'un tel état.

Dans ces plasmas chauds et artificiels, seul un état d'équilibre local peut exister dans un petit volume. Au sein d'un plasma chaud à l'équilibre thermique (chaque espèce de particules a une distribution de vitesse maxwellienne), les interactions coulombiennes (avec pertes d'énergie) ayant des sections efficaces élevées sont réduites et les réactions de fusion sont alors possibles. La condition nécessaire pour qu'un mélange de combustible deutérium-tritium conduise à un réacteur économiquement viable est connu sous le nom de “critère de Lawson”, du nom du physicien qui en 1957 en fit le premier l'évaluation.

Le critère de Lawson

Considérons un plasma ayant une densité n d'électrons, $n / 2$ de deutérium et $n / 2$ de tritium, avec une température T. ε est l'énergie dégagée par une réaction

Densités et températures du plasma

Voici quelques ordres de grandeurs suivant concernant les plasmas :

centre des étoiles	10^{36} N.m^{-3}	10^4 eV
ionosphère	10^{12} N.m^{-3}	0,3 eV
lampes fluorescentes	10^{16} N.m^{-3}	1 eV

(17,59 MeV), la puissance de fusion produite par unité de volume est :

$$P_f = (1/4)\, n^2\, \Sigma\,(T)\, \varepsilon$$

où $\Sigma\,(T)$ est la réactivité du milieu, fonction de la seule température.

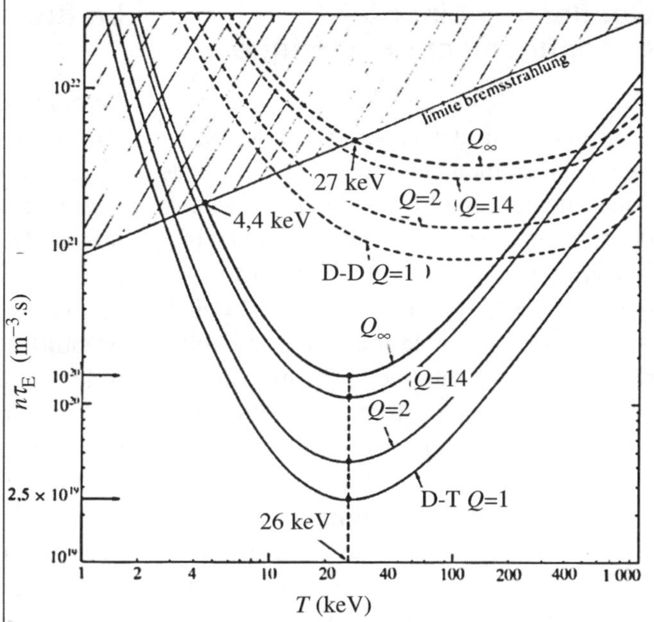

Critère de Lawson

L'entretien de la température du milieu a deux causes : l'apport de puissance extérieure P_x et une fraction α de la puissance dégagée par les réactions de fusion P_f. Cette fraction correspond à la part de l'énergie de fusion emportée par les particules alpha (noyau d'hélium), le reste l'étant par les neutrons (dans ce cas $\alpha = 0{,}2$). On définit le temps de vie de l'énergie τ comme le rapport entre l'énergie contenue dans le cœur et la puissance fournie à ce cœur. Il correspond au temps caractéristique de refroidissement du milieu en cas de coupure de la source de puissance. Par unité de volume l'énergie contenue dans le plasma est $3nkT$. Le temps de vie s'écrit donc :

$$\tau = \frac{3\,n\,k\,T}{P_x + \frac{1}{4}\alpha\, n^2\, \Sigma(T)\, \varepsilon}$$

On appelle Q le rapport entre l'énergie de fusion produite et l'énergie injectée, on peut donc remplacer P_x dans l'expression de τ :

$$n\,\tau = \frac{12\,k\,T}{\varepsilon\, \Sigma(T)\left(\frac{1}{Q} + \alpha\right)}$$

Le fonctionnement d'un réacteur de fusion exige au minimum un facteur $Q = 20$, soit $1\,/\,Q < 0{,}05$. La valeur de $T\,/\,\Sigma(T)$ réalisable est 26 keV (300 MK). On résume ces conditions par :

$$k\,T \cong 25 \text{ keV (300 MK)}$$

$$n\,\tau \cong 10^{14}\ \text{cm}^{-3}.\text{s}$$

L'ensemble de ces deux conditions est connu sous le nom de critère de Lawson. Le but essentiel des recherches sur la fusion a été de réaliser un plasma qui remplisse ces conditions, même sans réaction de fusion. En plus de la valeur du produit $n\,\tau$, on définit deux régimes de fonctionnement particuliers : ignition et "break-even".

Ignition et break-even

La condition d'ignition où le plasma thermonucléaire est auto entretenu, correspond par définition à un facteur Q infini, c'est à dire une puissance fournie nulle. Le "break-even" est obtenu lorsque Q est égale à 1. Dans ce cas là on produit autant d'énergie que l'on en fournit au milieu.

Confinement inertiel et confinement magnétique

Le critère de Lawson impose la température et seulement le produit $n\ \tau$, il reste donc une certaine liberté de choix pour la densité n et le temps de confinement τ pris individuellement. A 300 millions de degrés, la pression du plasma est $P = nkT$. Si l'on considère la densité atmosphérique à 25 keV, aucune réalisation mécanique ne permet de tenir une telle pression. Deux solutions s'offrent alors :

- On laisse exploser le milieu, la limite est alors sur le temps τ qui ne peut pas dépasser le temps de l'explosion. c'est la voie de la fusion rapide ou inertielle.

- Tenir la pression par un champ magnétique. La pression magnétique qu'un champ exerce sur un plasma est $B^2 / 2\mu_0$ (4 atm.T^{-2}). La limite technologique est de 5 Teslas avec des supraconducteurs, le double en conducteurs classiques. Une pression comparable s'exerce sur le bobinage qui ne peut dépasser pour des raisons de contraintes techniques 10^7 Pa, ce qui limite la densité à 10^{15} cm^{-3} imposant ainsi des temps de vie de l'ordre de la seconde. C'est la voie de la fusion lente, ou fusion magnétique.

Alors que dans le soleil, le confinement est gravitationnel, sur terre deux voix de recherche se développent. La méthode du confinement inertiel et celle du confinement magnétique. La deuxième méthode mise en œuvre est la voie ayant le plus de succès, c'est pourquoi nous la décrirons plus en détail.

La fusion inertielle

Le confinement inertiel est dû à la propre inertie des particules. C'est à l'intérieur d'une microcapsule d'un diamètre de quelques centaines de millionièmes de mètres de mélange réactif fortement comprimé en quelques milliardièmes de seconde par des lasers que la fusion se produit. La couche externe du combustible se vaporise très rapidement, ce qui, par réaction, provoque une onde de choc vers l'intérieur. Sous la compression qui s'en suit, la densité au centre de la petite sphère s'élève ; la température atteint quelques dizaines de millions de degrés. Les premiers noyaux fusionnent dans ces conditions et l'énergie ainsi dégagée échauffe encore la matière fortement comprimée, de sorte que le reste du com-

La fusion froide

Certains électrochimistes pensent qu'il est possible de créé une fusion à température ambiante en remplaçant les électrons par des muons qui sont identiques aux électrons mais 200 fois plus lourds. Ainsi, les muons peuvent graviter beaucoup plus près du noyau que les électrons. De ce fait les noyaux peuvent se frôler à 10^{-13} cm. A cette distance, les forces gravitationnelles peuvent s'exercer pour produire une réaction de fusion. Cette méthode fonctionne, mais le problème est que l'accélérateur de particules qui fournit les muons consomme plus d'énergie que la fusion muonique est capable d'en produire. La deuxième méthode, qui est encore hypothétique, se base sur une électrolyse dans laquelle on utilise de l'eau lourde. Lors de l'électrolyse les noyaux qui sont positifs, sont attirés par la cathode qui est négative. Les noyaux qui sont près de la cathode subissent les pressions des autres noyaux qui sont eux aussi attirés par la cathode. Ces pressions sont telles que la fusion serait possible.

bustible est à son tour soumis à la fusion. Un système fonctionne déjà depuis longtemps sur le principe de la fusion inertielle : la bombe H . Dans ce cas, c'est un ensemble de bombes à fission classiques (uranium ou plutonium) qui assure la compression d'un volume fusible (deutérium + lithium).

La fusion par confinement magnétique

Le confinement magnétique est celui qui axe principalement les recherches actuelles. Dans ce cas, la pression magnétique équilibre la pression cinétique et empêche théoriquement le contact avec les parois du fait de la création d'un véritable bouclier magnétique. Le plasma est un fluide électriquement conducteur, mais électriquement neutre vu de l'extérieur, dans lequel ions et électrons se meuvent indépendamment les uns des autres. Plongées dans un champ magnétique, ces deux types de particules électriquement chargées suivent, en raison de la force de Lorentz, des trajectoires hélicoïdales qui s'enroulent autour des lignes de champ et y restent "attachées". Le mouvement des particules perpendiculairement au champ magnétique est en effet fortement limité. C'est la base même du confinement magnétique. Comme le plasma est très chaud, son contact avec les parois de la chambre qui le contient doit être réduit à un minimum. On pourrait ainsi envisager un champ de topologie cylindrique, type miroir magnétique, mais dans cette configuration le plasma s'échappe facilement par les deux extrémités du cylindre. Pour remédier à ce problème, l'idée est de refermer le cylindre sur lui-même et d'obtenir ainsi une configuration torique. Mais le champ toroïdal n'est plus homogène, il est plus important sur l'axe central du tore. Courbure et inhomogénéité sont les causes d'une dérive des particules chargées. Ions et électrons de charges opposées suivent des trajectoires différentes, les uns vers le haut, les autres vers le bas de la machine. Le champ électrique qui résulte de cette séparation, combiné au champ magnétique principal, pousse indistinctement toutes les particules chargées vers l'extérieur. L'équilibre du plasma torique peut être obtenu si l'on applique un deuxième champ magnétique, un champ poloïdal. Si ce sont les courants du plasma qui se chargent d'établir la configuration voulue on parle alors d'un tokamak (chambre magnétique torique en russe : les russes ont été les premiers à démontrer l'efficacité de cette configuration en 1968). Dans ce cas, un ensemble de bobines réparties autour du tore produit le champ principal toroïdal. Un deuxième système de bobines est utilisé comme l'élément primaire

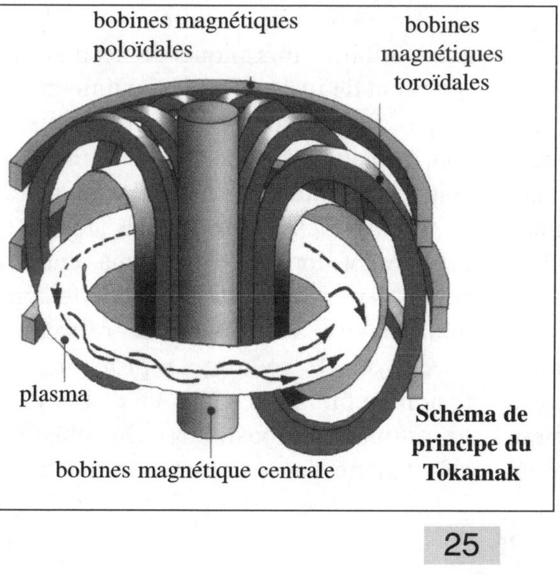

Schéma de principe du Tokamak

d'un transformateur. Le plasma jouant le rôle de l'élément secondaire. Une impulsion de courant du coté primaire induit au secondaire un courant important dans le plasma. Ce courant de plasma est à l'origine d'un champ magnétique poloïdal. La résultante de ces différents champs, poloïdal et toroïdal, est un champ magnétique hélicoïdal qui s'enroule sur des surfaces magnétiques toriques.

Une deuxième méthode de confinement magnétique repose sur des courants extérieurs à l'anneau de plasma (stellarator). Mais le succès de la configuration tokamak explique que ce concept soit utilisé de façon prépondérante dans la recherche sur la fusion nucléaire. L'effort international porte actuellement sur plusieurs grandes machines, la plus imposante étant la réalisation européenne Jet (Joint European Torus), construite par Euratom en grande Bretagne. La France exploite actuellement à Cadarache un autre tokamak de taille plus modeste, mais utilisant la supraconductivité pour la réalisation de son champ magnétique : Tore Supra sur laquelle les bobines supraconductrices sont refroidies en permanence à 1,75K.

Le chauffage du plasma

Le courant plasma qui s'élève à plusieurs millions d'ampères, assure non seulement la configuration magnétique voulue mais aussi par effet Joule le chauffage du plasma. Comme la résistance électrique du plasma décroît avec l'élévation de température, ce mode de chauffage est de moins en moins efficace. Il faut donc recourir à des techniques de chauffages supplémentaires. Le chauffage peut être réalisé en envoyant dans le plasma des ondes électromagnétiques. On accélère les particules en couplant au plasma une onde à la fréquence de giration des particules : la fréquence cyclotronique ionique FCI ($w = qB / M$, ~ 60 MHz), la fréquence cyclotronique électronique FCE (~ 118 GHz). Le chauffage hybride consiste à utiliser une fréquence intermédiaire entre la FCI et la FCE. L'onde cède au électrons de l'énergie ; c'est l'amortissement Landau. L'autre technique est le chauffage par injection de neutres. L'injection de neutres consiste à injecter des ions de même nature que ceux du plasma mais d'énergie bien supérieure. Le faisceau d'ions se thermalise en cédant son énergie cinétique au milieu par l'effet des collisions.

Interaction plasma / paroi

Le cœur du plasma à l'intérieur d'un tokamak est plus chaud que le centre du soleil, il est par conséquent nécessaire de limiter et contrôler les interactions plasma paroi. Les composants face au plasma dans les Tokamaks actuels sont en carbone. Ce choix est justifié par la bonne conductibilité thermique de ce matériau, son point de fusion élevé, son numéro atomique faible qui permet de limiter la contamination du plasma. En effet il faut éviter la contamination du plasma par des impuretés, c'est à dire par des atomes qui se libèrent lorsque le plasma entre en contact avec la paroi interne. Cette contamination est susceptible de refroidir le plasma et de réduire la probabilité de fusion en diluant les ions de deutérium et de tritium combustibles. De plus il y aurait perte par rayonnement électromagnétique. En effet les impuretés sont des particules d'éléments "lourds" qui en traversant le plasma s'ionisent. Le problème responsable de ce rayonnement électromagnétique est que ces impuretés ne s'ionisent pas totalement et attirent ainsi les électrons. Pour les numéros atomiques élevés, l'ignition est empêchée à partir d'une concentration en impuretés de quelques pour cents. Pour les numéros atomiques faibles il y a seulement dilution. La complexité des interactions plasma paroi ne se résume pas seulement à un choix judicieux du matériau interne : Des composants appelés "limiteurs" sur lesquels s'appuie le plasma doivent permettre de récupérer l'énergie thermique. Il faut de plus pouvoir récupérer les "cendres" des réactions de fusion et en parallèle alimenter le plasma en combustible afin de maintenir une densité constante au centre du plasma.

Conclusion

Le projet ITER International Thermonuclear Experimental Reactor fait l'objet d'une large collaboration internationale (CEE, Canada, Russie, Japon). Un réacteur de démonstration DEMO est prévu ensuite, propre à produire sur place le tritium requis ainsi qu'une quantité importante d'électricité. La fusion pourrait donc s'imposer comme une option énergétique essentielle à l'horizon 2050.
L'avantage premier d'un réacteur à fusion est qu'il n'y a pas de risque d'emballement comme dans un réacteur à fission. En effet lorsqu' il n'y a plus d'injection de matière première, le plasma s'éteint. Malheureusement, les neutrons qui s'échappent du plasma activent la structure du réacteur. Les déchets radioactifs issus de la paroi et de la structure sont comparables à ceux des parois des réacteurs à fission conventionnels. Mais l'activation, selon la nature des composants, est 100 à 100 000 fois moins élevée. La réalisation d'un réacteur à fusion est un travail qui fait appel à de nombreuses disciplines (thermique, thermographie infrarouge, magnétohydrodynamique, physique des plasmas, électromagnétisme, cryomagnétisme, optique, spectroscopie, physique atomique,etc.). La maîtrise d'une telle technique nécessite des innovations importantes d'un point de vue technologique mais passe aussi par la modélisation mathématique de nombreux phénomènes physiques complexes et constitue par conséquent un enjeu important pour l'humanité et un incroyable défit scientifique.

Elise Delchambre

Références

[1] Pascal Bradu, *L'univers des plasmas du Big Bang aux technologies du III° millénaire*, Paris, Flammarion.

[2] *La fusion thermonucléaire contrôlée par confinement magnétique*, collection CEA Série Scientifique, Paris, Masson.

[3] crppwww.epfl.ch/~blanchard/tp/plasma1.pdf

[4] http://www.cad.cea.fr/r50.htm

[5] http://www.citeweb.net/Livl/fusion/plan.htm

[6] http://www.iter.org/

La centrale de Tchernobyl en Ukraine.

L'Atome Hors Contrôle

L'industrie nucléaire présente des risques liés à la radioactivité des produits manipulés mais aussi à l'énorme quantité d'énergie produite. Voici quelques précisions sur trois accidents nucléaires graves : Three Miles Island, Tchernobyl et Tokaimura.

Les usages militaires de l'atome ont attiré l'attention du grand public sur ses dangers et de nombreuses mesures de sécurité ont été mises en place pour éviter que les réactions ayant lieu dans un réacteur ne s'emballent et produisent une catastrophe. Pourtant, parfois ces mesures s'avèrent insuffisantes ou ne sont pas respectées. De tels accidents se sont produits très tôt dans l'histoire du nucléaire. Ainsi en 1957 à Khystym dans l'Oural se produisit sur un site militaire un accident (encore très mal compris) qui envoya dans l'atmosphère d'énormes quantités de produits radioactifs. Plus récemment, trois accidents graves se sont produits dans le dernier quart du XXième siècle sur des installations civiles, dans des circonstances bien différentes à chaque fois.

Réacteur en fonctionnement

Le 28 mars 1979 à 4 h 00 un incident se produisit dans le système d'alimentation en eau du générateur de vapeur du réacteur numéro 2 de la centrale de Three Miles Island dans l'état de Pennsylvanie (Etats-Unis). Ce réacteur était un réacteur à eau sous pression de 900 MWe mis en service en 1978. Suite à la coupure accidentelle de l'alimentation en eau du circuit secondaire, celui-ci cesse de fonctionner. L'absence d'échange entre le circuit primaire et le circuit secondaire entraîne très rapidement un échauffement du circuit primaire. Une valve s'ouvre pour laisser réduire la pression dans le circuit primaire et les barres de contrôle descendent automatiquement, mettant le

Test d'explosion d'un réacteur mené par les Américains dans les années 1960.

réacteur en fonctionnement réduit. Alors que l'opérateur reçoit un signal l'informant de la fermeture de la valve de surpression, celle-ci reste ouverte (elle ne sera refermée que 2 heures plus tard quand un autre opérateur remarquera l'anomalie), provoquant une perte de liquide de refroidissement. Après 2 minutes la pression devient trop basse dans le circuit primaire et de l'eau est injectée en urgence pour maintenir à un niveau acceptable le volume de liquide de refroidissement présent dans le réacteur. Remarquant que le système d'injection d'eau s'est déclenché alors que la pression dans le circuit primaire semble être suffisante, un opérateur l'éteint. Après 80 minutes, deux des quatre pompes assurant la circulation de l'eau dans le circuit primaire se mettent à vibrer car elles pompent de la vapeur et non de l'eau. Elles sont éteintes. Les deux autres pompes sont éteintes pour les mêmes raisons 20 minutes plus tard. Progressivement le haut du réacteur n'est plus baigné par l'eau et la température devient très importante entraînant la rupture des gaines contenant le combustible. Des éléments hautement radioactifs s'échappent donc par la vanne de surpression, de plus certains éléments réagissent avec l'eau entraînant la formation d'une bulle d'hydrogène au sommet du cœur. A 6 h 30 la radioactivité de l'eau relâchée par la vanne de surpression est détectée et provoque une alarme sur tout le site. La moitié du cœur n'est plus couverte d'eau.

La centrale de Three Miles Island.

A 14 h, la bulle d'hydrogène explose partiellement mais les opérateurs présents sur place confondent les signaux de l'explosion avec des signaux normaux. Dans l'après midi les pompes du circuit primaire sont rallumées et progressivement le réacteur rentre sous contrôle. Cependant, il reste de l'hydrogène dans le réacteur et il faudra plusieurs jours pour réussir à l'évacuer et écarter tout risque de danger.

Les principaux dégâts occasionnés par cet accident furent la destruction partielle du cœur du réacteur. De nombreux éléments radioactifs s'échappèrent du circuit primaire. La plupart restèrent contenus dans les enceintes de confinement et les rejets dans l'environnement furent limités mais justifièrent une évacuation dans un rayon de 5 miles autour de la centrale. De nombreux résidus radioactifs se déposèrent dans le bâtiment nécessitant 10 ans de travail pour le décontaminer.

Aujourd'hui le réacteur est à l'arrêt et sera démonté par la société propriétaire en 2014 en même temps que le réacteur numéro 1.

Le réacteur numéro 4 de la centrale de Tchernobyl après l'accident.

Réacteur en test de sécurité

Le 26 avril 1986, profitant d'un arrêt pour contrôles de routine du réacteur numéro 4 de la centrale de Tchernobyl, un test de réaction en situation accidentelle fut décidé.

Ce réacteur était de type RMBK utilisant de l'eau sous pression comme liquide de refroidissement et du graphite comme modérateur. Le test devait permettre de vérifier combien de temps le réacteur resterait actif en cas de panne du système électrique. Pour cela le système de refroidissement d'urgence fut désactivé.

La puissance du réacteur fut réduite, malheureusement, à trop basse pression le réacteur devint instable entraînant la production de vapeur. L'opérateur n'ayant pas été prévenu du test décida alors d'actionner le système d'arrêt d'urgence. Malheureusement, l'arrêt d'urgence à basse énergie amena une surchauffe du cœur qui fit soudain une excursion en énergie, produisant plus de 100 fois son énergie nominale et entraînant une surproduction de vapeur et de chaleur. Plusieurs gaines de combustible se rompirent réagissant avec l'eau et provoquant une explosion à cause de la pression de la vapeur. Cette première explosion souleva le couvercle du réacteur et abîma l'enceinte de confinement laissant s'échapper de nombreuses particules radioactives dans l'atmosphère. Une seconde explosion suivit deux minutes plus tard. Le graphite utilisé comme modérateur s'enflamma et il fallut plus de dix jours pour maîtriser l'incendie.

Outre la destruction du réacteur et de son bâtiment, de nombreux dégâts furent causés sur le site par l'incendie. Les rejets dans l'environnement nécessitèrent l'évacuation des habitants de la région dans un rayon de 30 km. Une partie de cette zone est toujours interdite au public aujourd'hui. Les rejets furent transportés par les vents dominants vers l'ouest touchant de nombreux pays. Les autres réacteurs de la centrale ont été arrêtés depuis (le dernier fut arrêté en décembre 2000), entraînant des problèmes d'approvisionnement électrique en Ukraine.

Usine de traitement de l'uranium

La préparation de combustible pour les réacteurs nucléaires nécessite la conversion d'hexafluorure d'uranium (UF_6) en dioxyde d'uranium (UO_2). C'est ce qui se fait habituellement à l'usine de Tokaimura à 150 km de Tokyo. Cependant, certains réacteurs (les surgénérateurs par exemple) ont besoin de nitrate d'uranyle qui est produit à partir de d'oxyde d'uranium (U_3O_8), cette opération peut aussi se faire à Tokaimura, mais plus rarement.

Lors de la dissolution de l'oxyde d'uranium dans l'acide nitrique, l'opérateur, qui n'était pas familier avec cette opération et à qui son supérieur venait de demander de se dépêcher, s'est trompé dans les quantités nécessaires et a versé 16 kg d'uranium dans la solution au lieu des 2,4 kg maximum prévus par les consignes de sécurité. Une réaction en chaîne s'est alors produite entraînant une forte production de rayonnement et un flash bleu dans la pièce. Les rayonnements furent détectés par les systèmes de sécurité de l'usine entraînant son évacuation immédiate. La solution est restée en oscillation entre des phases sur-critiques et des phases sous-critiques pendant 17 h (les phases sur-critiques entraînaient l'ébullition de la solution et donc la dispersion de l'uranium entraînant la fin de la criticité et un refroidissement de la solution ; après refroidissement de la solution l'uranium se trouvait à nouveau en concentration sur-critique), jusqu'à l'intervention d'une équipe spécialisée munie d'acide borique (servant à absorber les neutrons produits par la réaction).
Cet accident n'entraîna pas de dégâts matériels et une quarantaine de personnes furent irradiées à des degrés divers. Par contre, il mis en évidence de très nombreux dysfonctionnements au sein de l'usine de Tokaimura.

Un choix à faire en connaissance de cause

Pour chacun de ces trois accidents, comme pour la plupart des accidents industriels, le facteur humain est à l'origine du problème. Après chaque accident, un rapport est établi et étudié au niveau international pour mettre au point des méthodes de prévention. Malheureusement aucun système n'est fiable à 100 %. L'énergie nucléaire présente l'avantage de ne pas produire de rejets polluants mais elle peut entraîner des catastrophes aux conséquences graves. Le choix entre énergie nucléaire et énergie fossile doit donc être fait en connaissance de cause.

Nicolas Delerue

Bibliographie

[1] http://www.world-nuclear.org/industry/index.htm

[2] http://www.pbs.org/wgbh/amex/three/

[3] http://www.nrc.gov/OPA/gmo/tip/tmi.htm

[4] http://insp.pnl.gov:2080/?chorninit/chorninit

[5] http://www.iaea.org/worldatom/Press/P_release/1999/jap_report.shtml

DATATIONS ET PROBABILITÉS

Les atomes radioactifs "savent"-ils quand il est temps pour eux de se désintégrer ? Non, et pourtant, ils le font selon des lois très précises, desquelles on déduit des méthodes de datation qui ont beaucoup évolué depuis le fameux "carbone 14".

Le carbone 14 est particulièrement utile en archéologie.

Prenons un atome d'uranium 238. Un tel atome est radioactif ; un jour ou l'autre, il va se désintégrer, selon la réaction :

$$^{238}_{92}\mathrm{U} \rightarrow {}^{234}_{90}\mathrm{Th} + {}^{4}_{2}\mathrm{He}\ .$$

Si l'uranium se désintégrait au bout d'un temps fixé t, ne dépendant que de caractéristiques bien identifiées, alors les choses seraient simples : au bout du temps t, la réaction précédente aurait lieu simultanément pour tous les atomes d'uranium produits en même temps (ce qui nous promettrait une belle explosion !) et les choses en resteraient là.

Mais c'est plus compliqué : en réalité, on ne sait jamais à l'avance combien de temps l'uranium va rester tel qu'il est avant de se désintégrer. Tout ce qu'on peut faire, c'est réaliser des observations empiriques sur la proportion d'atomes qui se désintègrent au fil du temps. Il apparaît alors que, quelle que soit la quantité de matériau radioactif dont on dispose, il existe un temps T appelée demi-vie du matériau au bout duquel la moitié des atomes se sont désintégrés. Il n'est pas nécessaire d'invoquer une mystérieuse interaction entre les atomes pour justifier ce qui se passe : un modèle probabiliste suffit à le comprendre.

Probabilités pour atomes

Assigner des probabilités à un événement tel que la désintégration d'un atome d'uranium est une simplification commode en même temps qu'un aveu d'ignorance : puisqu'on ne sait pas décider de façon déterministe l'instant précis de la désintégration, on se résigne à imaginer qu'elle se produit au hasard. Cela ne signifie pas pour autant que tout peut arriver et son contraire et qu'il faille renoncer à toute étude précise. La thermodynamique statistique est un exemple d'une telle situation : sans que l'on sache jamais localiser exactement la moindre molécule d'un gaz parfait, et que l'on doive toujours se résoudre à imaginer des mouvements erratiques, aléatoires, on peut tout de même dégager des lois très précises à l'échelle macroscopique.

Si l'on appelle T le temps mis par un atome d'uranium donné pour se désintégrer, nous voulons connaître la probabilité que T soit plus grand qu'une valeur t quelconque (un an, par exemple), probabilité que nous notons $P(T > t)$. (Les notions de bases des probabilités qui nous seront nécessaires sont données dans l'encadré "rudiments intuitifs de théorie des probabilités").

Une règle de base de la physique est qu'un atome ne vieillit pas. En d'autres termes, l'atome d'uranium ne va pas changer de comportement suivant le temps qui passe : ce n'est pas parce qu'il est là depuis très longtemps qu'il va choisir de se désintégrer très prochainement ou au contraire prendre encore son temps. D'un point de vue probabiliste, on traduit cette règle en disant que si l'atome ne s'est pas désintégré au temps t, alors la probabilité qu'il soit toujours intact au temps $t + s$ est la même que celle de l'événement "l'atome n'est pas désintégré au temps s" : seul compte le temps restant, pas le temps passé. En termes de probabilités conditionnelles, cela donne l'équation suivante, valable quels que soient s et t positifs :

$$P(T > t+s \,/\, T > t) = P(T > s).$$

D'après la formule des probabilités conditionnelles, on en tire :

$$P(T > s) = \frac{P(T > s+t \text{ et } T > t)}{\mathrm{P(T > t)}} = \frac{P(T > s+t)}{\mathrm{P(T > t)}}$$

Notons G la fonction qui à x associe $P(T > x)$: on a ainsi, pour tout s et tout t positifs, $G(s+t) = G(s)\ G(t)$. En passant aux logarithmes, on obtient que la fonction composée ln o G est linéaire sur $\mathbb{R}^+$, c'est-à-dire de la forme $x \to \alpha x$. On en déduit que G est une exponentielle (définie sur $\mathbb{R}^+$) : $G(x) = e^{\alpha x}$. Le nombre α est nécessairement négatif, puisque G est compris entre 0 et 1. En notant $a = -\alpha$, on a alors, pour tout t positif :

$$P(T > t) = e^{-at}.$$

On dit que T suit la loi exponentielle (de paramètre a). La loi exponentielle est ainsi la seule qui puisse rendre compte de l'évolution probabiliste d'une désintégration sans mémoire, du moins si l'on considère une désintégration sur une échelle de temps continue (voir l'encadré "absence de mémoire et probabilités"). Il est remarquable que le seul énoncé de l'absence de mémoire d'un atome et quelques calculs somme toute assez courts puissent aboutir à un résultat aussi précis.

Absence de mémoire et probabilités

La loi exponentielle est la seule à être sans mémoire en temps continu, mais on peut en imaginer une autre en prenant une échelle de temps discrète. Imaginons qu'un chauffeur de taxi se trouve à la sortie d'une gare, attendant un éventuel client qui descendra de l'un des trains qui arrivent toutes les minutes. Chaque train apporte un client à notre chauffeur de taxi avec probabilité p (et, donc, aucun client avec probabilité $(1 - p)$), indépendamment du temps que le chauffeur a déjà attendu. Notons C le temps nécessaire à l'arrivée d'un client : la probabilité que C soit égal à n minutes est alors donnée par : $P(C = n) = (1 - p)^{n-1}\ p$.
Le $(1 - p)^{n-1}$ correspond aux $(n-1)$ échecs initiaux, le p se réfère au succès au $n^{\text{ème}}$ train. C'est la loi géométrique, qui, comme la loi exponentielle, n'a pas de mémoire, comme un simple calcul permet de s'en assurer. On peut aussi vérifier que la loi géométrique constitue une approximation de la loi exponentielle pour des probabilités portant sur des entiers positifs.

Rudiments intuitifs de théorie des probabilités

Une probabilité est toujours comprise entre 0 et 1. En langage commun, la probabilité d'une éventualité quelconque est d'autant plus proche de 1 que cette éventualité a "beaucoup de chances" de se produire. Tirer un 6 en lançant un dé se produit avec une probabilité de 1/6 ("une chance sur 6"), obtenir pile en lançant une pièce est un événement de probabilité 1/2 ("une chance sur 2").

Si A est un événement (une éventualité quelconque, "une chose qui peut arriver" comme "obtenir pile" en lançant une pièce, ou "tirer un nombre pair" en lançant un dé) dont la probabilité est a, alors la probabilité que A ne se produise pas est égale à $1 - a$. L'événement contraire de A est noté A'. Si nous notons $P(X)$ la probabilité d'un événement X, nous avons : $P(A') = 1 - P(A)$. Une autre propriété élémentaire des probabilités est que, lorsque deux évènements A et B sont tels que la réalisation de B implique celle de A (comme dans la cas où l'on lance un dé et où A est "obtenir un nombre pair" et B est "obtenir 4"), alors la probabilité que A et B soient réalisés simultanément est égale à la probabilité de B seul : $P(A \text{ et } B) = P(B)$. Enfin, lorsque A et B sont deux évènements incompatibles, c'est-à-dire ne pouvant se réaliser simultanément (comme "tirer un nombre impair" et "tirer un 6"), alors la probabilité que l'un ou l'autre soit réalisé est la somme des probabilités : $P(A \text{ ou } B) = P(A) + P(B)$.

Lançons un dé : la probabilité que l'événement A = "on tombe sur un nombre au moins égal à 3" est de 4/6, celle de B = "on tombe sur un nombre au plus égal à 5" est de 5/6. Supposons à présent que, après le lancer du dé, on soit mis au courant du fait que le nombre obtenu est au moins égal à 3, autrement dit que A a effectivement été réalisé. Avec cette connaissance, la probabilité que B soit réalisé change : nous savons que le nombre est 3, 4, 5 ou 6, avec la même probabilité pour chacun. La probabilité que ce nombre soit au plus égal à 5 est alors désormais de 3/4 (et non plus de 5/6). On note $P(B / A)$ la probabilité de B sachant A. Ici, $P(B / A) = 3/4$. Pour ramener $P(B / A)$ à une expression plus directe à calculer, on utilise la formule des probabilités conditionnelles :

$$P(B / A) = \frac{P(A \text{ et } B)}{\mathrm{P(A)}}$$

La formule se traduit en langage courant par le fait que la probabilité que B soit réalisé une fois que l'on sait que A est réalisé est égale à la probabilité que A et B soient tous deux réalisés, rapportée à la probabilité que A ait été réalisé. Il est important de bien distinguer la différence qu'il y a entre $P(B / A)$ et $P(A \text{ et } B)$: alors que la seconde est toujours au plus égale à $\min(P(A), P(B))$, la première peut très bien atteindre la valeur 1 (il suffit pour cela que A implique B). Dans l'exemple précédent, la formule des probabilités conditionnelles donne bien 3/4, le résultat donné précédemment.

Deux évènements A et B sont dits indépendants lorsque la réalisation de l'un ne modifie pas la probabilité de réalisation de l'autre, c'est-à-dire lorsque $P(B / A) = P(B)$ (ou $P(A / B) = P(A)$, ce qui est équivalent). Par exemple, lorsqu'on tire une carte dans un jeu de 32 cartes, les évènements "tirer un roi" et "tirer un pique" sont indépendants, car connaître la couleur d'une carte ne permet en rien de présager de sa valeur. En revanche, si on lance un dé, les évènements "tirer un nombre pair" et "tirer un 6" ne sont pas indépendants, puisque savoir qu'on a tiré un nombre pair modifie la probabilité que le nombre soit un 6 (et inversement !). À l'aide de la formule des probabilités conditionnelles, on montre que A et B sont indépendants si et seulement si :

$$P(A \text{ et } B) = P(A)\, P(B).$$

Cette dernière formule explique une bonne partie de l'intérêt de la notion d'indépendance : elle simplifie le calcul de la probabilité d'une conjonction de deux évènements lorsque ceux-ci sont indépendants.

Combien se désintègrent ?

Les atomes étant supposés se désintégrer indépendamment les uns des autres, on peut en théorie exprimer explicitement la probabilité qu'un certain nombre d'entre eux se désintègrent au bout d'un temps t. Prenons par exemple le cas de deux atomes, le premier se désintégrant au bout d'un temps T_1, le second au bout d'un temps T_2. Par indépendance des deux atomes, la probabilité que les deux soient encore intacts au bout d'un temps t est donnée par le calcul :

$$\begin{aligned} P(T_1 > t \text{ et } T_2 > t) &= P(T_1 > t)\, P(T_2 > t) \\ &= e^{-at}.\, e^{-at} \\ &= e^{-2at}. \end{aligned}$$

Par récurrence, il vient alors que la probabilité que n atomes radioactifs de même nature soient encore intacts au bout d'un temps t est simplement donnée par e^{-nat}.

Il est un peu plus compliqué de calculer la probabilité qu'un certain nombre de nos n atomes se soient désintégrés et que les autres soient intacts. Dans le cas de deux atomes, la probabilité que l'un des deux seulement se soit désintégré au bout du temps t est donnée par la somme :

$$P(T_1 > t \text{ et } T_2 < t) + P(T_1 < t \text{ et } T_2 > t)$$

(les deux évènements sont incompatibles), qui vaut $2e^{-at}.\,(1 - e^{-at})$ (par indépendance).

Plus généralement, comment exprimer la probabilité qu'exactement k atomes se soient désintégrés au bout du temps t lorsque n atomes sont en présence au départ ? Choisissons k atomes parmi les n à disposition. La probabilité pour que ces k atomes-là se soient désintégrés au plus tard au temps t (et seulement ceux-là) est donnée par $e^{-kat}.(1 - e^{-at})^{n-k}$ (toujours par indépendance des désintégrations). Il ne reste alors qu'à multiplier cette probabilité par le nombre de façons de choisir k atomes parmi n (ils nous délivrent autant d'évènements incompatibles, dont on fait simplement la somme des probabilités).

Au total, si l'on note N_t le nombre d'atomes encore intacts au bout du temps t parmi n, on obtient :

$$P(N_t = k) = C_n^k \left(e^{-at}\right)^k \left(1 - e^{-at}\right)^{-(n-k)}$$

où le terme C_n^k est le coefficient du binôme usuel qui correspond au nombre de manières qu'il y a de choisir k éléments parmi n.

On appelle loi binomiale la loi de probabilité précédente, de paramètres n et e^{-at}. L'expression obtenue a l'avantage d'être exacte, mais cette exactitude se paie d'un défaut majeur : l'expression est trop compliquée, donc très vite inutilisable en pratique lorsque n et k deviennent trop grand. Une calculatrice standard est incapable de calculer $n!$ pour n dépassant la valeur 69, il est donc clair qu'un calcul exact est inatteignable lorsque n atteint l'ordre de grandeur qui est le sien pour des mesures physiques de radioactivité.

L'outil mathématique majeur qui permet de simplifier l'étude est la loi des grands nombres, un théorème capital de la théorie de probabilités, qui affirme essentiellement que, lorsqu'on a affaire à des nombres très importants comme c'est le cas ici, les probabilités peuvent être envisagées comme des proportions.

Nous n'allons pas démontrer ici la loi des grands nombres, ni même l'énoncer de façon mathématiquement rigoureuse. Nous nous contentons de l'énoncé général précédent, qui permet ainsi de dire que le nombre $n(t)$ d'atomes encore intacts au bout du temps t est donné par :

$$n(t) = n\,P(T > t)$$

(on a donc bien $n(t) / n = P(T > t)$, c'est-à-dire que la proportion d'atomes intacts est donnée par la probabilité qu'un seul soit intact). On en tire donc la loi de la désintégration radioactive :

$$n(t) = n\,e^{-at}.$$

En toute rigueur, il faudrait tout de même être plus précis dans l'utilisation de la loi des grands nombres, puisqu'elle constitue une approximation dont il est important de savoir dans quelle mesure un écart à la moyenne est permis : par exemple, si l'on lance deux millions de fois une pièce de monnaie, on s'attend certes à ce qu'il y en ait environ un million qui tombent sur pile et un million sur face, mais il est très improbable que le nombre de piles et de faces soit rigoureusement égal à un million (voir l'encadré "moitié-moitié ... ou presque").

La datation

Historiquement, la première méthode de datation utilisée repose sur la désintégration de l'isotope 14 du carbone. Cette décomposition est de type β^-, elle s'ac-

Moitié-moitié ... ou presque

Soit une pièce de monnaie que l'on lance $2N$ fois, N étant supposé "très grand" (pour rester dans le cadre de la radioactivité, on peut imaginer qu'on dispose d'un nombre $2N$ d'atomes d'uranium qui ont chacun une chance sur 2 de se désintégrer au bout d'un temps donné. Quelle est la probabilité p_N pour qu'exactement N pièces tombent sur pile (ou que N atomes se désintègrent) ? Cette probabilité s'obtient en utilisant simplement la loi binomiale, qui donne :

$$p_N = C_{2N}^{N}\left(\frac{1}{2}\right)^{N}\left(1-\frac{1}{2}\right)^{2N-N} = \frac{(2N)!}{(N!)^2}\left(\frac{1}{2}\right)^{2N}$$

Puisque N est supposé très grand, on peut utiliser la formule de Stirling pour approcher les valeurs de $(2N)!$ et de $N!$, ce qui donne après simplifications :

$$p_N \sim \frac{1}{\sqrt{\pi N}} \quad .$$

À mesure que N devient grand, la probabilité d'avoir exactement autant de piles que de faces devient donc de plus en plus faible.
Tout de même, le fait que p_N soit de l'ordre de $1/\sqrt{N}$ permet, avec un minimum d'efforts supplémentaires, de s'approcher d'une partie de la justification de la loi des grands nombres. En effet, le calcul de p_N peut être modifié un tout petit peu pour obtenir l'estimation de la probabilité d'avoir $(N+1)$ piles et $(N-1)$ faces : il n'est pas difficile de se persuader qu'on obtient à l'arrivée une estimation identique.

Si l'on note p_k la probabilité d'avoir k piles (pour $2N$ lancers), le calcul approché de p_N ci-dessus restera valable tant que k ne s'éloignera pas trop de la valeur N : en fait, un petit travail sur les approximations données par les formules de Stirling devrait vous permettre de montrer que l'approximation donnée pour p_N demeure à peu près bonne pour les k tels que $k-N$ n'est pas trop grand devant $\sqrt{N}$: en réunissant tous ces p_k et en en faisant la somme, on voit que l'essentiel des probabilités est bien concentré autour de la valeur N, avec un écart de l'ordre de $\sqrt{N}$.

compagne donc de la perte d'un électron et d'un antineutrino.

$$^{14}_{6}C \rightarrow {}^{14}_{7}N + {}^{0}_{-16}e + \overline{\nu}$$

L'azote 14 est l'isotope majoritaire (99,64 %). Par contre, l'isotope 14 du carbone est minoritaire et, surtout, n'est incorporé par les organismes que de leur vivant. Après leur mort, la désintégration radioactive fait diminuer la teneur isotopique en carbone 14. La cinétique de décomposition du carbone est donnée par la loi de la désintégration radioactive, équivalente à l'équation suivante, qui exprime que la vitesse est proportionnelle à la concentration en réactif (réaction d'ordre 1) :

$$\frac{d\left[{}^{14}C\right]}{dt} = -k\left[{}^{14}C\right]$$

où k est la constante de vitesse.

On a ainsi $\left[{}^{14}C\right] = \left[{}^{14}C\right]_0 e^{-kt}$, où $\left[{}^{14}C\right]_0$ désigne la teneur initiale en carbone 14.

On note T le temps de demi-vie ou période de désintégration ($T = 5{,}72.10^3$ ans) : au bout de ce temps T, la moitié du carbone 14 initial sera décomposé, soit

$$\frac{\left[{}^{14}C\right]_0}{2} = \left[{}^{14}C\right]_0 e^{-kT}$$

ce qui permet de calculer la constante de vitesse k. On obtient donc $k = \frac{\ln 2}{T}$.

La relation entre la concentration et le temps peut donc s'écrire :

$$\left[{}^{14}C\right] = \frac{\left[{}^{14}C\right]_0}{2} e^{-t/T}$$

En connaissant la teneur initiale en carbone et en mesurant la quantité restante à notre époque, on en déduit la valeur de t, temps auquel s'est formé le matériau qui a emprisonné le carbone 14 atmosphérique.

L'hypothèse faite sur la quantité initiale de carbone 14 que contenait l'élément a causé une erreur systématique lors de la datation de périodes relativement anciennes (au-delà de 9 000 ans). On a revu récemment les estimations des quantités de carbone 14 réellement présent dans l'atmosphère pour rectifier cette erreur et permettre une meilleure corrélation entre les différentes techniques de datation. Toutefois, cette méthode n'est utilisable que lorsqu'il reste encore des quantités facilement détectables de carbone 14, ce qui limite son utilisation aux périodes s'étendant jusqu'à 10^4-10^5 années. Au-delà, on choisit d'autres éléments comme l'uranium ou le potassium.

Willard Frank Libby

Willard Frank Libby (1908-1980) a obtenu le prix Nobel de chimie pour sa découverte de la datation au carbone 14. Il participa au projet Manhattan pendant la seconde guerre mondiale.

Pollution et carbone 14

Les explosions expérimentales de bombe H ont doublé la teneur en ^{14}C de l'atmosphère en un an (entre 1962 et 1963). Depuis cette date et surtout depuis l'arrêt des expériences atmosphériques, cette teneur diminue par absorption de l'excès de ^{14}C par les océans.

Les mesures systèmatiques que font les laboratoires de radiocarbone permettent non seulement de suivre cette décroissance mais donnent également des indications sur les circuits de répartition du carbone dans l'atmosphère et la biosphère, informations importantes à l'heure où l'industrie rejette des quantités importantes de gaz carbonique.

La datation uranium - thorium - plomb

L'uranium est un matériau radioactif, que l'on trouve naturellement principalement sous forme d'uranium 235 et 238, dans un rapport ^{238}U / ^{235}U = 137,8. La désintégration alpha de ces deux isotopes conduit à du plomb, tout comme la désintégration du thorium 232.

L'uranium 238 se décompose après une longue chaîne de réactions en plomb 206 avec une période de désintégration de $T_1 = 4{,}51.10^9$ ans, cette décomposition s'accompagne de l'émission de huit particules alpha (des atomes d'hélium 4).
De la même façon, l'uranium 235 se décompose en plomb 207 et sept particules alpha, avec un temps de demi-vie $T_2 = 7{,}13.10^8$ ans. Quant au thorium 232, il donne du plomb 208 accompagné de 6 atomes d'hélium, avec une période de désintégration $T_3 = 1{,}39.10^{10}$ ans.

On a alors deux façons de déterminer l'âge d'un matériau : on peut soit s'intéresser à l'accumulation d'hélium, soit regarder les quantités de plomb formées ainsi que les restes d'uranium et de thorium. Toutes les mesures isotopiques sont faites par spectrométrie de masse.

Dans le cas de la datation par l'uranium et le thorium, on peut calculer quatre âges caractéristiques. Le premier t_1 est donné par le couple ^{238}U / ^{206}Pb. Les mêmes calculs que dans le cas du carbone 14 donnent :

$$\left[{}^{238}\mathrm{U}\right] = \frac{\left[{}^{238}\mathrm{U}\right]_0}{2} e^{-t/T_1}$$

En connaissant la teneur initiale en uranium 238 et en mesurant la quantité restante à notre époque, on en déduit la valeur de t_1, temps auquel s'est formé le matériau qui a emprisonné l'uranium.

On peut en faire autant avec l'uranium 235 et en déduire un âge de formation t_2, puis avec le thorium pour t_3. On n'utilise pas directement les teneurs en plomb car les isotopes 206, 207 et 208 sont des isotopes stables, présents naturellement avec des teneurs respectives de 23,6 %, 22,6 % et 52,3 %.

Le calcul de t_4 est un peu plus compliqué. On sait que le rapport ^{238}U / ^{235}U est constant et égal à 137,8. Ces deux matériaux se décomposent en deux isotopes du plomb. Pour l'isotope 206, les équations de désintégration donnent :

$$\frac{\mathrm{d}\left[{}^{206}\mathrm{Pb}\right]}{\mathrm{d}t} = k\left[{}^{238}\mathrm{U}\right] = k\frac{\left[{}^{238}\mathrm{U}\right]_0}{2} e^{-t/T_1}$$

ce qui s'intègre facilement et donne la teneur en plomb 206 créé. Nous reprenons

Dieu joue-t-il aux dés ?

A la conférence de Solvay, le 18 octobre 1927, comme à toutes les autres, les tenants des différentes doctrines discutaient et tentaient de se mettre mutuellement à mal. On raconte les discussions homériques d'Einstein et de Bohr. Ce dernier était un des pères fondateur de la mécanique quantique, alors que sa vie durant, Albert trouvait difficile de concevoir un Dieu inutile, laissant les probabilités régir le monde. Tous les noms cités correspondent à des disciples ou d'anciens disciples de Bohr. Les dialogues ci-dessous ont été rapportés par de nombreux témoins, tous dignes de foi.

Les trois hommes sont seuls au monde, pourtant dans la grande salle à manger du château, d'autres physiciens sont là, trempant goulûment les viennoiseries dans les cafés chauds. Ehrenfest, Einstein et Bohr discutent. Le désaccord est profond entre les tenants de la causalité et de la complémentarité.
- Ob der liebe Gott würfelt !
- Je sais bien que Dieu a autre chose à faire qu'à jouer aux dés ! rétorque Bohr.
- Tu as peur d'un Dieu oisif, renchérit Ehrenfest.
- Arrête Paul, coupe Einstein. Tu sais Niels, je n'ai pas beaucoup changé ; j'en suis encore au même point ou presque. Je te propose une nouvelle expérience de pensée.

Les deux hommes, passionnés par le défi appellent Heisenberg pour se joindre à eux.
- Voilà, mes amis. Je vous propose de revisiter l'expérience classique de diffraction : un électron ou un photon fera l'affaire. Prenons donc une fente fine susceptible de diffracter et laissons passer un faisceau ne comportant qu'un seul corpuscule. L'expérience et le modèle ondulatoire nous disent que nous observerons sur l'écran à l'arrière, une série de franges reconnaissables entre toutes.

Même les autres physiciens se taisent, certains s'approchent pour, tout à la fois, apprendre ou compter les coups.
- Le problème voyez-vous mes amis est le suivant : si on détecte l'électron en un point de l'écran, comment voulez-vous le détecter ailleurs ? Il ne peut être ici et là, termine avec le sourire Albert. C'est unc bellc idéc, non ?
- C'est une idée, oui ! affirme Bohr un peu abattu.

A l'heure du dîner, Bohr prie Albert de se mettre à sa table.
- Nous avons réfléchi avec mes amis.
- Vos mines réjouies sont déjà une réponse à ma question. Puis s'adressant à Bohr : "Je serai encore plus satisfait si tu me donnes les détails."
- Voilà. Examinons le cas d'une particule dans une boîte fermée. Elle peut quitter la boîte par l'intermédiaire d'un volet que l'on manœuvre à volonté. Avant même d'atteindre l'ouverture, et quel que soit l'état de celle-ci, il nous est possible de définir la quantité de mouvement p associée à la particule. Après diffraction, nous obtenons bien d'après le principe de Huygens-Fresnel, une onde sphérique dont nous connaissons l'angle d'ouverture. On peut donc avoir la latitude sur la position de p : Δp, ainsi la latitude de l'énergie cinétique dans le cas de l'électron ΔE. Le produit des deux termes continue à obéir aux lois d'indétermination de Heisenberg. Il n'y a donc aucun paradoxe, dit sur un air triomphant le Danois.

Einstein accuse le coup, il semble fatigué, broyé, vidé. Serait-ce le combat perdu contre Bohr ou bien un grand épuisement qui trouve son origine dans les incessants voyages et les nombreuses conférences, qui le mettent dans cet état ?

le même calcul pour l'isotope 207. En faisant le rapport des deux résultats, nous obtenons :

$$\frac{\left[{}^{206}\mathrm{Pb}\right]_{\text{créé}}}{\left[{}^{207}\mathrm{Pb}\right]_{\text{créé}}} = 137{,}8\,\frac{1-e^{-t/T_1}}{1-e^{-t/T_2}}$$

Connaissant le rapport entre les deux isotopes du plomb et les teneurs initiales, on en déduit le temps t_4.

Théoriquement, les quatre temps ainsi calculés sont égaux (on dit plutôt concordants) à l'âge réel τ de l'échantillon. En pratique, on observe plutôt les inégalités :

$$\tau \geq t_4 \geq t_2 \geq t_1 \geq t_3.$$

Tous nos calculs nécessitent une hypothèse sur les teneurs initiales en uranium et thorium, que l'on estime par extrapolation des teneurs actuelles. Pour affiner les mesures, on trace un diagramme avec en abscisse le rapport $x = \ln\frac{{}^{207}\mathrm{Pb}}{{}^{235}\mathrm{U}} + 1$ et en ordonnée $y = \ln\frac{{}^{206}\mathrm{Pb}}{{}^{238}\mathrm{U}} + 1$

En reportant les résultats précédents, on obtient $T_1\, y = T_2\, x$ qui est l'équation d'une droite appelée concordia. Sur cette droite, on peut attribuer à tout point une date t unique : cette droite peut donc être graduée en âge. On reporte alors sur ce diagramme les valeurs mesurées expérimentalement. Si les âges t_1 et t_2 mesurés sont égaux, on obtient un point sur la droite. Si les âges sont différents, on obtient deux points qui permettent de tracer une corde (appelée discordia) qui coupe la concordia en deux points. Le point haut correspond à une date notée t_0 que l'on interprète comme l'âge de cristallisation du minéral considéré. Le point bas ne possède pas d'interprétation unique.

Il nous reste encore l'hélium pour essayer de dater le matériau. D'après le système d'équation de départ :

$$[{}^{4}\mathrm{He}] = 8[{}^{206}\mathrm{Pb}] + 7[{}^{207}\mathrm{Pb}] + 6[{}^{208}\mathrm{Pb}]$$

qui correspond à une quantité d'hélium libérée de 10^{-5} mL d'hélium dans les conditions normales de température et de pression (25°C, 1 bar) par période de cent mille ans pour une teneur initiale en uranium de 1 %.

Cette méthode de datation à l'hélium est applicable aux systèmes jeunes riches en uranium. Pour des systèmes plus anciens, la méthode donne des âges trop récents

Ernest Rutherford

Ernest Rutherford (1871-1937) a obtenu le prix Nobel de chimie en 1908 pour la découverte de son modèle atomique.

car l'hélium est un gaz léger qui diffuse rapidement (à l'échelle des temps archéologiques). La quantité d'hélium mesurée est plus faible que la quantité libérée et on sous-estime l'âge du matériau. Ceci explique que pour les systèmes récents, on préfère conserver la datation par le carbone 14. La datation uranium-thorium-plomb permet d'estimer l'âge d'échantillons datant de 10^6 années jusqu'à l'origine de la Terre. En parallèle à cette méthode, pour les matériaux d'origine minérale, on peut utiliser un autre couple : le système potassium-argon.

La datation potassium - argon

L'isotope 40 du potassium (d'abondance naturelle 0,0119 %) est radioactif : il peut se décomposer en deux éléments fils avec une période de désintégration de $1{,}31.10^9$ ans, l'argon 40 par capture électronique et le calcium 40 par radioactivité β^-. La probabilité d'obtenir du calcium 40 est de 90 %, de l'argon 40 de 10 %.

$$^{40}_{19}K \rightarrow {}^{40}_{18}Ar + {}^{0}_{1}e + \nu$$

où e est le positron et n le neutrino.

$$^{40}_{19}K \rightarrow {}^{40}_{20}Ca + {}^{0}_{-1}e + \overline{\nu}$$

Le calcium 40 est un isotope stable, d'abondance naturelle 96,9 %, très présent dans les roches : on ne peut donc pas l'utiliser comme marqueur. L'argon 40 est lui un gaz : la quantité d'argon que l'on retrouve piégé dans les roches provient uniquement de la décomposition du potassium à la condition qu'il n'y ait pas eu de dégazage, généralement causé par un fort échauffement. Hors dépiégeage de l'argon, le système est donc clos : on peut mesurer le potassium 40 restant ainsi que l'argon 40 formé en éliminant les couches superficielles de l'échantillon qui ont pu fixer de l'argon atmosphérique composé à 99,6 % de l'isotope 40.

La difficulté de cette technique tient au fait qu'on mesure une quantité d'élément fils. A des temps proches du temps de solidification de la roche, cette teneur est très faible et ne permet donc pas une datation précise. Cette méthode permet l'estimation d'âges élevés (plus la roche est ancienne, plus l'estimation est précise) : elle est utilisée pour des matériaux dont la formation remonte à plus de 104 années et jusqu'à la formation de la Terre.
Ces méthodes de radiodatation sont utilisées en complément d'autres méthodes comme la thermoluminescence pour les matériaux chauffés, ou le comptage direct des cernes de croissance des arbres ou des coraux. Elles ont aujourd'hui largement fait la preuve de leur efficacité et la cohérence entre les différentes techniques est bien établie.

Valérie Laurent
Benoît Rittaud

La Résonance Magnétique Nucléaire

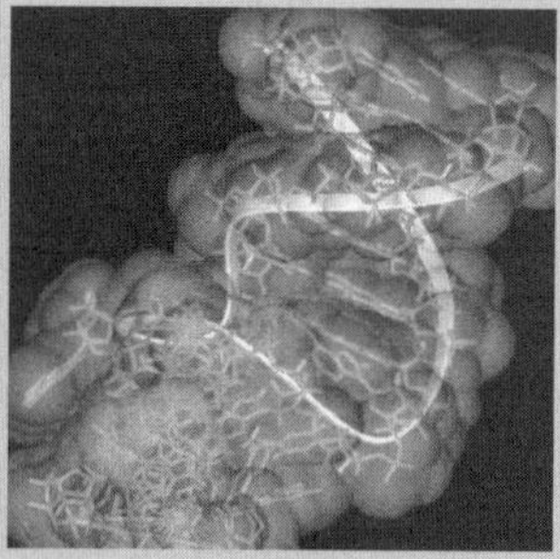

Pour obtenir la structure complète d'une molécule : la RMN.

Qu'est-ce que la résonance magnétique nucléaire (RMN) ? Un champ magnétique, un échantillon de produit dans un solvant, un détecteur et un ordinateur.

Pour élucider la structure d'une molécule, on dispose de plusieurs outils : la spectroscopie infra-rouge, qui donne une information sur les fonctions de la molécule mais pas sur son squelette, la spectrométrie de masse, difficile à mettre en œuvre et couteuse, et depuis 50 ans, la résonance magnétique nucléaire ou RMN, qui donne des informations à la fois sur les fonctions et le squelette de la molécule à travers l'étude de ses protons mais aussi de quelques autres noyaux.

Comment ça marche ?

Le principe de la RMN est une interaction entre un champ magnétique extérieur et les propriétés magnétiques intrinsèques de certains noyaux atomiques.

L'élément principal de l'appareillage est donc l'aimant. Pour avoir un champ magnétique d'intensité élevée, on n'utilise pas un simple aimant, mais un électro-aimant (c'est-à-dire une bobine parcourue par une intensité élevée), capable de fournir un champ de plusieurs teslas. Au centre de cet électro-aimant, la bobine supra-conductrice doit être utilisée à très basse température ; elle est donc refroidie par de l'hélium liquide (–269°C, soit 4 K). Pour éviter que cet hélium ne s'évapore trop rapidement, il est protégé de l'air à température ambiante par de l'azote liquide (–196°C), beaucoup moins cher ce qui permet un remplissage régulier du vase qui le contient. Au coeur du système, un champ allant de 2,33 à une dizaine de teslas baigne l'échantillon.

Rapport avec le noyau atomique

Quel rapport avec le noyau atomique, me direz-vous ? Un tube placé au centre de l'électro-aimant contient le produit à analyser, dont les noyaux atomiques vont interagir avec le champ. Les noyaux atomiques, tout comme les électrons, peuvent être assimilés à des charges en rotation. Et qui dit charge en rotation dit création d'un champ magnétique.

A cette description classique correspond en chimie quantique un moment magnétique de spin, noté I. Selon la valeur du nombre de masse A et du nombre de charges Z, on peut connaître quelques propriétés de I. Quand A est impair, I est demi-entier ($^{1}_{1}H$, $^{19}_{9}F$) ; A pair et Z impair, I est entier et non nul ($^{2}_{1}D$) ; A et Z pairs, I est nul ($^{12}_{6}C$). Seuls les noyaux de spin non nul peuvent interagir avec un champ magnétique. Prenons un proton de spin $I = 1/2$. Placé dans un champ magnétique, le moment magnétique nucléaire peut prendre deux (en fait, $2I + 1$) orientations : soit parallèle ($I = +1/2$), soit antiparallèle ($I = -1/2$) au champ magnétique, noté $\vec{B}_0$. La position parallèle est favorisée au repos parce que de plus basse énergie, la répartition des populations correspond à la loi statistique de Boltzmann. On irradie alors le système par une onde radiofréquence qui génère un champ magnétique tournant $\vec{B}_1$ perpendiculaire à $\vec{B}_0$.

Si la longueur d'onde est bien choisie, il y a résonance, ce qui provoque alors le basculement du spin nucléaire dans le plan perpendiculaire à $\vec{B}_0$. Deux techniques sont possibles : à champ fixe, on fait varier la longueur d'onde (méthode des pulses) ou à longueur d'onde fixe, on fait varier le champ (méthode à onde continue). La première méthode est aujourd'hui la plus courante.

Comment choisir la bonne fréquence ? L'énergie est absorbée à condition que :

$$\nu = \frac{\gamma}{2\pi} B_0 ,$$

avec γ le rapport gyromagnétique, ce qui correspond à une fréquence de 100 MHz pour un proton soumis à un champ de 2,33 T. Ce rapport gyromagnétique est lié au spin, $\gamma = \frac{2\pi\, \mu}{h\, I}$, avec μ le moment magnétique et h la constante de Planck. Après irradiation, le spin retourne à l'équilibre avec un mouvement de précession autour d'un axe parallèle à $\vec{B}_0$, précession de vitesse angulaire ω_0 (appelée fréquence de Larmor), telle que $\omega_0 = \gamma B_0$, ou $\omega_0 = 2\pi\nu$. Ce phénomène est appelé relaxation. Celle-ci induit dans la bobine de l'électro-aimant un signal dont la transformée de Fourier donne un pic. En fait, il y a deux phénomènes simultanés de relaxation : la relaxation dite spin-réseau (ou longitudinale) qui transfère l'énergie acquise par les noyaux lors de l'irradiation aux molécules environnantes, et la relaxation dite spin-spin (ou transversale) qui transfère l'énergie vers un autre noyau ce qui provoque une perte de signal et un élargissement des raies.

Mais ça ne sert à rien !

D'après cette description en effet, tous les protons devraient donner un même signal de RMN puisqu'ils ont le même spin et le même moment magnétique. Ils absorbent donc tous la même fréquence… Le but de l'expérience qui est d'élucider la structure d'une molécule est loin d'être atteint. Jusque là, à la limite, on sait que la molécule contient de l'hydrogène et si on effectue le balayage sur toute la gamme des ondes radiofréquence, on pourra trouver aussi facilement du fluor, du phosphore, et pourquoi pas du xénon ou toute autre molécule de spin demi-entier. L'intérêt de cette étude semble bien limité.

Heureusement l'étude des spectres nous montre qu'il n'en est rien. En effet, pour une onde radiofréquence de 300 MHz (dans un champ de 7 T), on observe plusieurs pics d'absorption sur une gamme d'environ 3 750 Hz. Ces pics sont caractérisés par un déplacement chimique, noté δ et exprimé en parties par millions (ppm) tel que :

$$\delta = 10^6 \frac{\nu - \nu_{\text{réf}}}{\nu_0}$$

avec ν la fréquence de résonance de l'échantillon, $\nu_{\text{réf}}$ celle de résonance d'un étalon et ν_0 la fréquence de Larmor. L'étalon est choisi de telle façon que sa fréquence soit inférieure à celle de résonance de la plupart des protons des molécules organiques. Pour cela, on utilise le tétraméthylsilane (ou TMS). Cette différence dans les déplacements chimiques provient du fait qu'autour des noyaux, il y a des électrons, dont les mouvements génèrent un champ magnétique. Cet effet de l'environnement sur le proton porte le nom de blindage. Deux protons dans un même environnement auront le même déplacement chimique, deux protons dans des environnements différents auront des déplacements a priori différents. Afin de limiter les effets d'anisotropie, le tube en suspension sur un coussin d'air est animé d'un mouvement de rotation : ainsi tous les protons équivalents voient bien le même champ extérieur.

Et le solvant dans tout ça ? Il faut qu'il n'agisse pas sur le déplacement chimique des protons et surtout, comme il est présent en quantité nettement supérieure à celle de la molécule à analyser, qu'il ne masque pas les pics de l'échantillon. On va donc utiliser des solvants deutérés (dont tous les atomes d'hydrogène ont été remplacés par du deutérium) comme l'eau lourde (D_2O), le chloroforme ou l'acétone deutérés ($CDCl_3$, CD_3COCD_3). Le carbone, l'oxygène et le chlore ayant des spins nucléaires nuls, il n'y aura pas de signal correspondant au solvant.

A quoi ça ressemble un spectre ?

Pour bien comprendre le principe de la RMN, on va regarder quelques spectres, en partant d'exemples simples. Prenons le cas du méthane : sur son spectre, un seul pic. Le déplacement chimique des quatre protons équivalents est faible, la molécule est peu déblindée. Si on passe au chlorométhane, le déplacement chimique augmente. Le chlore est fortement électronégatif, il attire à lui les électrons du carbone ; les protons sont donc moins touchés par le champ magnétique créé par les électrons, ils sont déblindés. De façon générale, tout groupe qui diminue la densité électronique crée un déblindage (ce sont en général les groupes électroattracteurs comme les halogènes, les carbonyles, etc.), tout groupe qui l'augmente (ils sont rares, mais on a vu l'exemple du silicium et c'est aussi le cas des liaisons hydrogène) blinde.

Si on augmente la taille de la molécule en passant à l'éthane, le spectre présente toujours un seul pic : les six protons sont équivalents, on ne peut pas les distinguer. On voit donc qu'il y a deux types de cas où on peut considérer que les protons sont équivalents : soit ils sont portés par le même atome de carbone et voient le même environnement, soit ils sont portés par des atomes différents et la molécule possède une symétrie. Ainsi, dans les acides maléique et fumarique, l'isomère Z présente une seule raie pour les deux protons de la double liaison à cause de l'existence d'un plan de symétrie, alors que l'isomère E, lui, présente un axe. Les protons n'auront pas le même déplaceemnt chimique car leur environnement est différent.

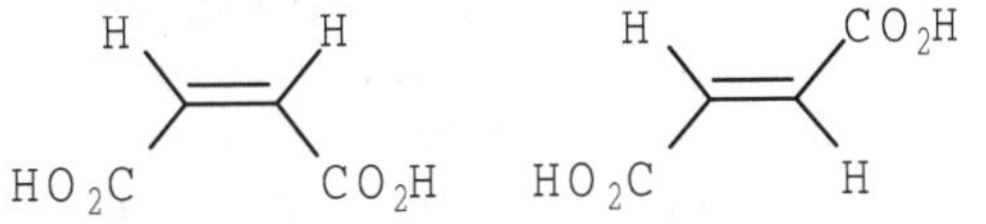

Et le triangle de Pascal ?

Puis vient le propane : pour ce spectre, on observe deux déplacements chimiques différents. L'intégration des pics (ce qui correspond au calcul de leur aire), donne un rapport de six pour deux : le propane possède donc six protons équivalents (les deux groupes méthyles) et deux protons équivalents (ceux du carbone central). Si

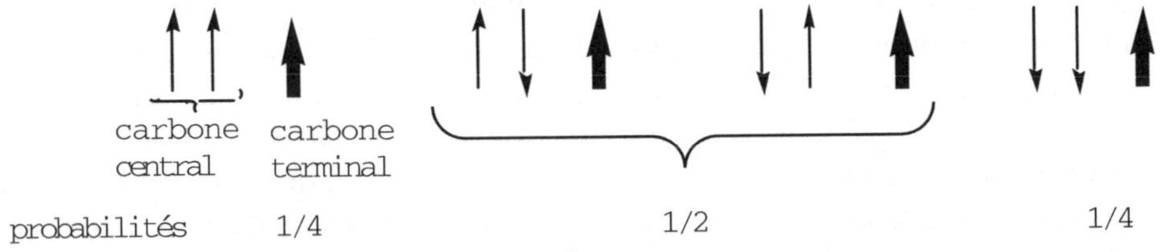

on observe ces deux pics d'un peu plus près, on voit que ce sont en fait deux groupes de pics. Que s'est il passé ? Il y a eu couplage spin / spin. En clair, deux spins voisins s'influencent et ont tendance à s'apparier. Ainsi, le spin du proton influe sur le spin de l'électron de la liaison. Celui-ci agit alors sur le deuxième électron de la liaison, et ainsi de suite jusqu'au prochain proton. Cet effet va en diminuant et on considère qu'en dehors de cas particuliers comme les systèmes conjugués ou les cycles, le couplage s'annule au delà de trois liaisons, ce qui correspond à deux protons portés par des carbones voisins. Les deux spins couplés s'orientent alors préférentiellement soit en positions parallèles, soit antiparallèles, ce qui modifie faiblement leur interaction avec le champ magnétique. Quand un proton est couplé avec un autre, le signal sort sous la forme d'un doublet de pics, chacun correspondant à l'une des orientations privilégiées : deux spins parallèles ou deux spins antiparallèles. Ce doublet est centré sur le déplacement chimique qu'aurait eu le proton s'il n'y avait pas eu de couplage. On appelle constante de couplage, notée J, la différence de fréquence entre les deux pics. Cette constante de couplage est généralement précédée, en exposant, du nombre de liaisons séparant les protons couplés.

Et dans le cas du propane ? On n'a pas deux protons isolés qui interagissent, mais un groupe de six protons et un groupe de deux. Prenons un proton du carbone terminal. Il subit l'influence de deux protons et il y a alors plusieurs positions possibles pour les trois spins : le spin du proton terminal peut être parallèle aux deux autres, antiparallèle aux deux, parallèle à l'un et antiparallèle à l'autre (ce qui couvre deux cas symétriques).

On a donc trois pics, d'intensité 1 (parallèle), 2 (deux situations avec un couple en position parallèle et l'autre antiparallèle), 1 (antiparallèle) ce qui correspond à un triplet. De façon générale, on obtient $m + 1$ pics (en fait, $2m\,I + 1$) avec m le nombre de protons couplés au proton considéré, dont les intensités sont réparties selon le triangle de Pascal.

Ainsi un proton central du propane sort sous la forme d'un heptuplet (sept pics) d'intensités 1-6-15-20-15-6-1. Il y a en fait peu de chances que l'on voit effectivement un heptuplet, les pics se chevauchent et on voit alors un multiplet, c'est-à-dire un ensemble de pics dont on a du mal à visualiser la multiplicité.

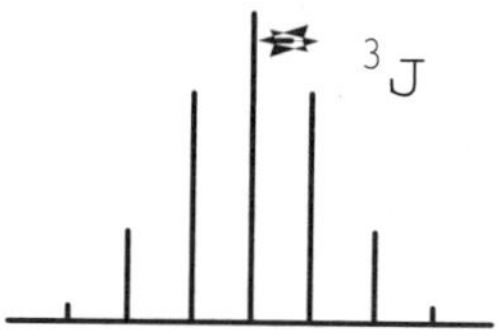

L'influence réciproque des deux groupes de protons étant symétrique, la constante de couplage entre le triplet des protons du carbone central et celle de l'heptuplet sont identiques, ce qui permet de repérer les protons couplés.

A quelle condition a-t-on couplage ? Deux hydrogènes portés par le même atome sont couplés si et seulement si ils ne voient pas le même environnement. Ce type de couplage, dit géminal, existe dans les conformations bloquées comme le tertiobutylcyclohexane, dont l'interconversion est empêchée par un substituant très encombrant. Les hydrogènes en positions axiale et équatoriale sont donc non équivalents, leur grande proximité leur donne une forte constante de couplage.

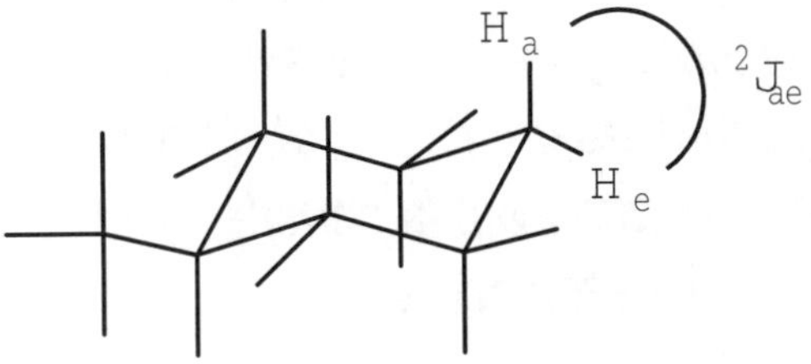

Le cas général est celui des protons séparés par trois liaisons, ou couplage vicinal comme dans le propane. Enfin, on peut avoir des couplages ^4J, comme le couplage en W du cyclohexane.

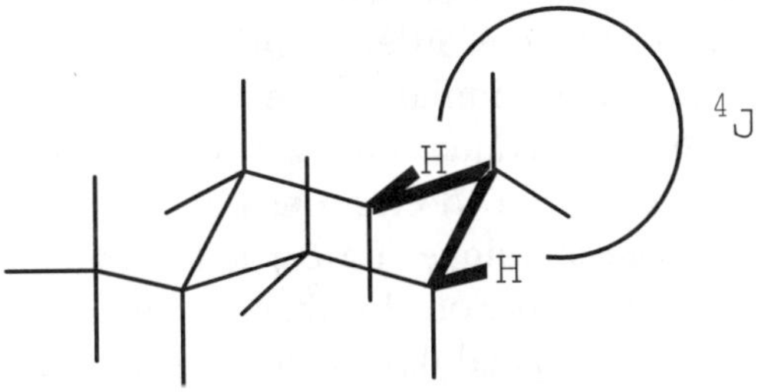

Le couplage peut dans certains cas disparaître : c'est le cas par exemple dans les alcools. Prenons le méthanol : il possède trois hydrogènes équivalents sur le carbone et un sur l'oxygène. Dans le chloroforme, on observe un doublet et un quadruplet. Par contre, lorsque le solvant est de l'eau lourde, le doublet devient un singulet, ce qui s'explique par le fait que le proton de l'alcool est légèrement acide et qu'il s'échange avec le deutérium de l'eau. Par contre, on peut parfois voir des couplages avec des noyaux autres que celui du proton. Prenons le fluorométhane. Si l'on regarde son spectre RMN dans le domaine de fréquence du proton, on voit apparaître un doublet. En effet, le spin du fluor vaut 1/2, il y a donc couplage avec le proton. Par contre, le rapport gyromagnétique du fluor est très différent de celui de l'hydrogène, leurs domaines de fréquence sont donc éloignés et l'on ne voit pas le pic du fluor, qui serait un quadruplet. Un autre choix de fréquence permet de voir ce pic. Il peut aussi y avoir couplage avec des spins différents de 1/2, du moment qu'ils ne sont pas nuls. C'est le cas par exemple du deutérium, de spin $I = 1$. Les constantes de couplage sont sensiblement dans le même rapport que les constantes gyromagnétiques, ce qui revient à diviser d'à peu près 6,5 les constantes de couplage quand on passe du proton au deutérium. Ces couplages sont donc négligeables.

On peut ainsi observer en RMN tous les noyaux de spin demi-entier, c'est-à-dire le fluor 19, le phosphore 31 (d'abondance isotopique proche de 100), mais aussi le carbone 13 et l'oxygène 17 d'abondance isotopique faible. Les temps d'acquisition du signal sont plus longs, et pour rendre les spectres plus lisibles, on découple les spins. Pour cela, pendant que l'on balaye la gamme de fréquence du noyau choisi, par exemple le carbone 13, on irradie fortement l'échantillon avec une fréquence correspondant au noyau avec lequel on souhaite éviter le couplage (souvent le proton). Ainsi les spectres de carbone 13 découplés du proton font apparaître uniquement des raies simples au lieu de multiplets.

Et demain ? La RMN en deux dimensions, mais ceci est une autre histoire.

Valérie Laurent

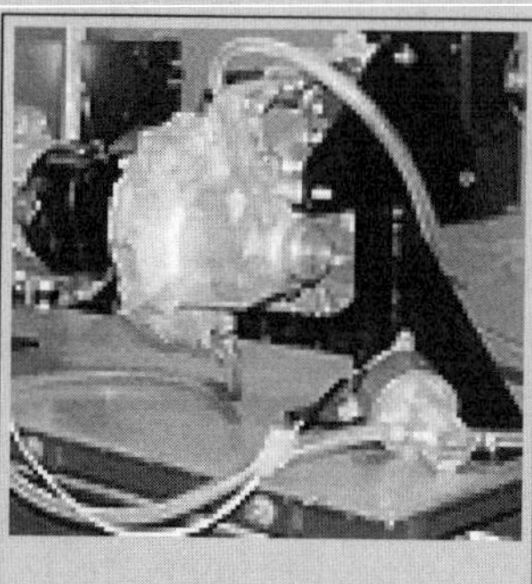

L'imagerie neutronique est particulièrement utilisée dans les installations nucléaires.

La Neutronographie

La neutronographie fonctionne comme la radiographie aux rayons X mais avec des résultats spécifiques car l'absorption des neutrons ne croît pas avec la densité de la matière traversée.

C'est avec la découverte du rayonnement X en 1895 et de la radioactivité l'année suivante que la radiographie fait ses premiers pas. En 1938, le physicien allemand Kallman fut le premier a envisager l'utilisation des neutrons comme source de rayonnement pour la radiographie : la neutronographie.

Cette technique, qui s'est ensuite développée dans les années 1950-1960, permet du fait du pouvoir très pénétrant des neutrons, d'analyser les parties internes de structures métalliques.

La neutronographie est, au même titre que la radiographie X, une technique d'imagerie non destructive. En radiographie X, c'est un rayonnement électromagnétique qui est en interaction avec la matière, dans le cas de la neutronographie ce sont les neutrons qui jouent le rôle du rayonnement incident. Le neutron ressemble beaucoup au proton : de masse à peu près équivalente, il est néanmoins électriquement neutre.

Radiographie X et neutronographie

Les principes d'interaction d'une onde électromagnétique ou d'une particule avec la matière diffèrent mais les mécanismes sont similaires. Le rayonnement électromagnétique interagit directement avec le "nuage" d'électrons qui entourent le noyau atomique. La capacité pour un atome à stopper ou absorber partiellement une onde dépend directement de la quantité d'électrons gravitant autour du noyau et donc de son numéro atomique Z. Cette capacité d'absorption est d'autant plus faible que les photons incidents sont énergétiques.

L'interaction d'un neutron avec la matière se situe dans le cœur même du noyau atomique et le pouvoir d'arrêt d'un élément est totalement aléatoire. Deux éléments peuvent avoir le même pouvoir d'absorption ou la même transparence au rayonnement X alors que le pouvoir d'arrêt sur un neutron différera d'un facteur 100. On constate cependant que les éléments légers, de faible numéro atomique Z, donc de masse atomique A peu élevée, sont assez transparents aux rayons X alors qu'ils sont plutôt opaques aux neutrons. C'est cette différence fondamentale qui fait tout l'intérêt de la neutronographie. De plus cette technique permet de faire des radiographies d'éléments radioactifs alors que la radiographie "classique" aux rayons X ne le permet pas.

Le principe d'imagerie dans les deux techniques de radiographie est le même : irradier l'élément à analyser puis enregistrer sous forme d'image 2D le faisceau transmis et atténué par la diffusion et l'absorption. Dans une réaction de diffusion, le rayonnement incident n'est pas absorbé mais renvoyé dans toutes les directions de l'espace. La diffusion peut se faire avec perte d'énergie (diffusion inélastique) ou sans perte d'énergie (diffusion élastique). Ce sont les zones de faibles et de fortes absorptions qui vont créer le contraste. La résolution de l'image atteint ± 30 microns. La qualité d'image est comparable à celle obtenue en radiographie par rayons X.

Le type de réactions engendrées par une collision neutron-matière dépend essentiellement de l'énergie incidente du neutron. C'est ce qui va être à l'origine d'une collision simple ou d'une réaction de fission. Ainsi nous pouvons distinguer plusieurs types de neutrons : les neutrons rapides (énergie > 100 eV) comme ceux produits par les réacteurs nucléaires ainsi que les neutrons épithermiques (0,5 eV < énergie < 100 eV), les neutrons thermiques (0,005 eV < énergie < 0,5 eV) et les neutrons froids (énergie < 0,005 eV) qui sont tous trois utilisés pour la radiographie. Il existe ainsi plusieurs types d'interactions endommageant la matière :

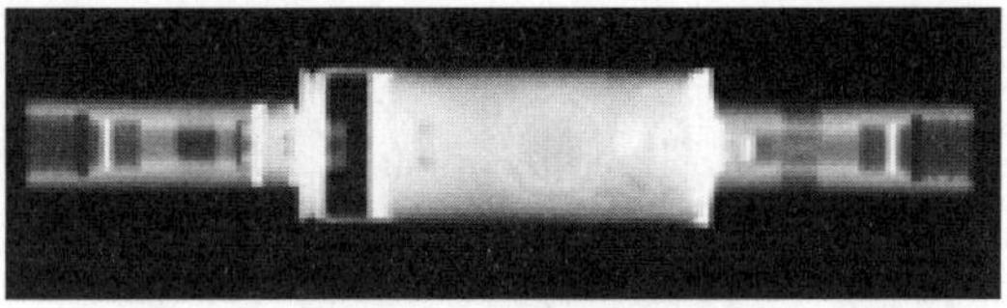

radiographie X

neutronographie

Comparaison des radiographies et neutronographies du même relais retard ARIANE

les chocs élastiques où les collisions peuvent être comparées à des chocs de sphères dures, les réactions de fission qui concernent essentiellement les éléments lourds comme l'uranium 235 et le plutonium 239 et enfin les réactions nucléaires comme la transformation du Bore en Lithium.

$$^{10}_{5}B + ^{1}_{0}n \rightarrow ^{7}_{3}Li + ^{4}_{2}\alpha$$

Chaque élément est caractérisé par une section efficace qui est liée à la probabilité de réaction en fonction de l'énergie. La probabilité d'interaction d'un neutron avec la matière décroît avec son énergie, ainsi les neutrons rapides, très énergétiques, ont une section efficace très faible, c'est pourquoi ce sont les neutrons thermiques et épithermiques qui sont utilisés dans la neutronographie. Plus l'absorption est importante plus le contraste sur le cliché sera de bonne qualité. La diffusion des neutrons incidents, qui est un phénomène constant, détériore, quant à elle, la qualité du faisceau de neutrons. Il faut par conséquent sélectionner correctement

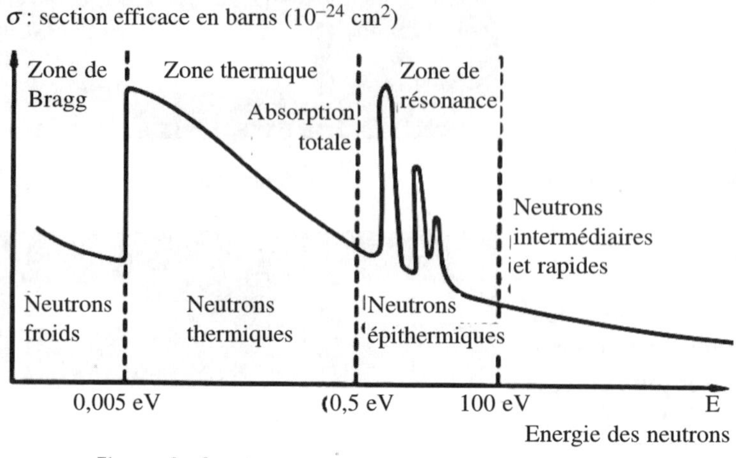

Section efficace d'absorption des neutrons

l'énergie des neutrons et même utiliser des filtres afin d'augmenter les réactions d'absorption par rapport aux réactions de diffusion et obtenir ainsi une bonne qualité d'image. Les neutrons froids ont eux une section efficace plus faible que les neutrons thermiques mais sont malgré tout utilisés en radiographie car ils permettent d'éviter les réactions inélastiques et donc de limiter le bruit de fond parasite.

Les sources de neutrons

Les neutrons peuvent être produits dans des accélérateurs de particules utilisés comme générateurs de neutrons, des réacteurs nucléaires ou par des sources isotopiques comme des sources de fission spontanée (exemple : le Californium 252 qui émet des neutrons d'énergie moyenne 2 MeV). Il n'existe pas à l'heure actuelle de source mobile. Les sources les plus utilisées sont donc les réacteurs nucléaires de recherche sur lesquels des lignes spécialisées sont installées. Chaque source est caractérisée par son intensité et le spectre en énergie des neutrons émis. Les sources de neutrons étant pour la plupart isotropes, un collimateur est installé afin de canaliser les neutrons sur l'objet à étudier, les parois du collimateur étant constituées d'un matériau très absorbant. La qualité du faisceau dépend de la forme et des dimensions du collimateur. Il est généralement de forme conique, l'extrémité la plus étroite installée du coté de la source de neutron. Les sources de neutrons existantes donnent toutes des neutrons rapides qui, nous l'avons vu, ont des probabilités de réaction faibles. Il est donc nécessaire de ralentir ces neutrons en utilisant dans le cas de neutrons thermiques de l'eau "lourde" D_2O ou de l'eau "légère" H_2O pour des neutrons épithermiques. Il faut ensuite utiliser des filtres neutroniques afin de sélectionner les énergies intéressantes pour la radiographie parmi le spectre fourni par la source. Si l'on souhaite par exemple n'utiliser que les neutrons froids d'une source, on installe un bloc de Beryllium qui a la particularité d'être transparent aux neutrons d'énergie inférieure à 0,005 eV mais diffusant les neutrons thermiques ou utiliser du Cadmium pour collecter les neutrons épithermiques.

Schématiquement l'imagerie par neutronographie se compose : d'une source de

IL FAUT LUI FAIRE FAIRE UNE NEUTRONOSCOPIE, IL N'Y A QUE COMME ÇA QUE L'ON SAURA CE QU'ELLE A VRAIMENT...
Legoupi

La neutroscopie

Un examen neutronoscopique consiste à visualiser l'image d'un détecteur "temps réel" soumis à un courant neutronique. Alors que la neutronographie fait appel à un film radiographique, la neutronoscopie met en jeu un scintillateur et une caméra vidéo. L'observation directe d'événements dynamiques dans un objet ou système soumis au rayonnement neutronique peut alors être observé, enregistré à la cadence vidéo voulue et éventuellement analysé par méthodes numériques pour en extraire les informations intéressantes. Le fantastique développement des équipements vidéo et des microprocesseurs a favorisé l'essor de cette technique.

La visualisation de divers fluides circulant dans des enveloppes métalliques constitue la majorité des applications de la neutronoscopie. C'est l'hydrogène contenu dans les éléments du fluide qui est détecté par les neutrons. Les principales études pouvant être envisagées par imagerie neutronique sont :

- La lubrification à l'huile (moteur, boite de vitesses, etc.)
- La circulation de carburants (carburateur, injecteur, etc.)
- Les écoulements en double phase (échangeur de chaleur).

neutrons, de l'objet à étudier et d'un récepteur composé d'un convertisseur et d'un film radiographique. C'est ce que nous allons aborder maintenant.

Le détecteur

Le neutron interagit avec le noyau des atomes. Il n'a donc pas de pouvoir ionisant et par conséquent ne peut pas impressionner une plaque photographique. Il est donc nécessaire d'utiliser un convertisseur permettant la conversion du flux incident de neutrons en rayonnement. Les réactions nucléaires au niveau du convertisseur peuvent donner lieu à l'émission d'une particules α (noyau d'Helium), de rayonnement β (émission d'électrons) ou γ (rayonnement électromagnétique très pénétrant). Les réactions nucléaires possibles se décomposent en deux groupes : les réactions instantanées et les réactions entraînant une activation. Dans le premier cas, la réaction n'entraîne aucun effet secondaire et le film radiographique doit être exposé pendant l'irradiation aux neutrons. L'ensemble convertisseur-film radiographique est placé derrière l'objet à étudier. Pour ce type de réaction, nous pouvons utiliser par exemple du Bore ou du lithium :

$$ {}^{6}_{3}\mathrm{Li} + {}^{1}_{0}\mathrm{n} \rightarrow {}^{4}_{2}\alpha + {}^{3}_{1}\mathrm{H} + 4{,}78\ \mathrm{MeV} $$

Ou du Gadolenium pour l'émission d'un rayonnement β.

Dans le cas des réactions entraînant une activation du convertisseur, l'irradiation est réalisée sur le convertisseur seul. Celui-ci devient radioactif de périodes plus ou moins longues. L'émission des particules pendant sa désactivation permet ensuite l'impression du film radiographique. Cette méthode a l'avantage de pouvoir réaliser des images d'éléments radioactifs puisque le film n'est pas présent pendant l'irradiation et que le convertisseur n'est pas affecté par le rayonnement radioactif mais seulement par les neutrons. La neutronographie permet entre autre l'analyse de dispositifs irradiés alors que la radiographie X, à cause de l'activation des matériaux, est impossible. Mais ce n'est pas son seul intérêt.

Les applications

L'utilisation de la neutronographie dans le domaine nucléaire, du fait de la proximité des sources de neutrons, a largement contribué au développement de cette technique. La radiographie par les neutrons permet dans ce domaine d'effectuer des contrôles sur des combustibles ou des matériaux destinés à la construction de centrales, qui ont au préalable, été irradiés dans des réacteurs expérimentaux. En effet, cette technique d'imagerie est la seule capable de déceler, sur un combustible vierge ou irradié, des fissures ou des migrations de produits de fission.

Les applications industrielles sont aussi très nombreuses. Nous avons vu que les matériaux de faible numéro atomique sont plutôt opaques aux neutrons alors que les matériaux plus lourds comme les métaux sont transparents. Il est donc possible de visualiser à l'intérieur d'une structure métallique un élément composé d'atomes d'hydrogène. On peut ainsi mettre en évidence des défauts dans les matières plastiques même si celles-ci sont entourées de métal (examen d'une canalisation), de vérifier la qualité d'un remplissage , d'un joint d'étanchéité ou d'un isolant électrique. En métallurgie nous pouvons citer le contrôle de la corrosion de pièces en aluminium pour l'aéronautique (formation d'hydroxyde), le contrôle de l'homogénéité d'un collage entre deux métaux, etc. La radiographie aux neutrons s'est aussi imposée dans le contrôle des composants de pyrotechnie spatiale pour vérifier l'homogénéité de l'explosif, des traces d'humidité ou des fuites. Cette technique est aussi utilisée pour observer diverses propriétés de matériaux à usage industriel, ainsi que des minéraux et objets archéologiques. Notons qu'il est possible de visualiser en direct les objets à analyser en remplaçant le film radiographique par une caméra vidéo. Cette technique est appelée neutronoscopie. Elle permet l'analyse de fluides en mouvement: lubrification à l'huile (moteur, boite de vitesses, etc.), la circulation de carburants (carburateur, injecteur, etc...), les transferts et migration des fluides dans les milieux poreux (humidification des sols, migration des polluants liquides, etc.).

Conclusion

La neutronographie n'est pas en concurrence avec la radioscopie X, elle est une technique d'analyse complémentaire et une méthode d'imagerie extrêmement performante, mais qui reste limitée aux applications où elle est irremplaçable. Son inconvénient majeur, en plus de son coût élevé, est de devoir déplacer les pièces à examiner sur le site de recherche où se trouve l'installation.

Elise Delchambre

Références

[1] http://www-llb.cea.fr/neutrono/radioneut.html

[2] http://www.ill.fr/Info/diff_neutrons/utilisation/utilisation.htm

[3] *La neutronoscopie. radiographie et industrie*, tome 1 et 2, KODAK, 1974

Les oignons sont souvent traités par irradiation.

L'IRRADIATION DES ALIMENTS

Loin de l'image du nucléaire que peuvent donner la Bombe, Tchernobyl, Superphénix et Marcoule-Cogema, le traitement des aliments par irradiation est l'une de ses applications positives et pacifiques.

Depuis quelque temps, les autorités de l'hygiène et de l'alimentation s'inquiètent de la présence dans les aliments de micro-organismes pathogènes comme les salmonelles, Escherichia coli, Listeria monocytogenes ou Yersinia enterocolitica. Pour tenter de réduire ou d'éliminer les risques qui en résultent, beaucoup de pays renforcent leur réglementation nationale en matière de salubrité alimentaire. Aux Etats-Unis, par exemple, le Ministère de l'Agriculture a publié un règlement concernant la viande et la volaille rendant obligatoire la recherche d'Escherichia coli à compter de janvier 1997 et stipulant que la viande et la volaille crues produites par les grandes entreprises doivent être pratiquement exemptes de salmonelles à partir de janvier 1998. Que l'on se rappelle le combat de la France pour le fromage au lait cru, au niveau de l'Europe ! Dans bien des cas, l'ionisation pourrait constituer la méthode de choix pour assurer l'absence de ces micro-organismes. Toutefois, dans certaines circonstances, la limitation à 10 kGy (on dose les irradiations en grays Gy, ce qui correspond à 1 $j.kg^{-1}$) de moyenne globale pourrait être incompatible avec l'utilisation efficace de cette technique. En ce qui concerne les épices, plusieurs pays ont déjà reconnu la nécessité d'une dose moyenne plus élevée. La France admet une dose moyenne de 11 kGy pour l'irradiation des épices et des substances aromatiques sèches, tandis que l'Argentine et les Etats-Unis d'Amérique autorisent une dose maximale de 30 kGy à cette fin.

Buts de l'irradiation

Comme les autres techniques de pasteurisation et de stérilisation des aliments par apport d'énergie thermique, mécanique ou photonique, l'ionisation a pour objectif de détruire les micro-organismes pathogènes ou responsables de l'altération des aliments sans compromettre la sécurité ni les qualités nutritionnelles et organoleptiques. Tous ces processus entraînent à des degrés divers des transformations physiques et chimiques. Par comparaison avec les aliments stérilisés par la chaleur, les changements chimiques observés dans les aliments stérilisés par ionisation sont uniformes et relativement limités. Plus précisément, son action radiobiologique provoque des lésions dans les molécules d'ADN, siège de l'information génétique. Il interagit sur la totalité des cellules et entraîne la destruction de l'organisme tout entier si la dose appliquée est adaptée. Il peut donc permettre la désinsectisation et la désinfection de matériaux contaminés.

Pourquoi ce choix ?

Il serait polémique de dire que son unique but est de consommer le cobalt radioactif source des rayonnements, lui-même sous-produit, et en quelque sorte déchet de l'industrie du nucléaire. Il faut admettre que la technique apporte plusieurs bénéfices. Elle permet d'abord la réduction des pertes d'aliments dues à l'infestation par les bactéries, les insectes et les moisissures qui les contaminent et peuvent mener à des maladies d'origine alimentaire. Ensuite, elle assure la conservation des fruits par ralentissement du mûrissement et de la maturation. Enfin, l'irradiation peut remplacer certains traitements chimiques comme l'utilisation du bromure de méthyle qui prévient efficacement des ravages causés par les insectes et les moisissures sur la récolte mais qui a de seffets néfastes sur l'environnement.

Doses

La dose d'irradiation est limitée à 10 kGy, pour éviter tout risque toxicologique. En général, l'ionisation est associée à d'autres traitements plus classiques, comme le froid, la chaleur ou des techniques de séparation. Selon l'effet recherché, la dose varie comme le montre le tableau (voir page suivante). On pasteuri-

Principaux modes de conservation des aliments

La pasteurisation est un traitement thermique visant à détruire les agents pathogènes contenus dans les aliments. Les produits pasteurisés sont de conservation limitée et doivent être stockés au froid.

La stérilisation est un traitement thermique destiné à détruire toute forme microbienne vivante.

Les conserves ont subi un traitement de stérilisation par la chaleur. Elles sont conditionnées dans un récipient étanche aux liquides, aux gaz et aux microorganismes à toute température inférieure à 55°. Ce sont des produits stables et de longue conservation. Cependant, une mauvaise stérilisation, un défaut de joint du bocal ou la nature du contenu peuvent les altérer à la longue.

Les semi-conserves sont des denrées ayant subi un traitement (pasteurisation, stérilisation ou saumurage) en vue d'en assurer une conservation limitée. Elles sont conditionnées en récipients étanches aux liquides, et doivent être stockées au froid.

Les surgelés sont des denrées stabilisées par abaissement rapide de la température jusqu'à −18° à cœur. Elles doivent être, au moment de la surgélation, dans un parfait état de fraîcheur et de salubrité. La température doit être maintenue sans rupture jusqu'au consommateur.

Les congelés sont des denrées stabilisées par un procédé similaire à la surgélation, mais qui ne satisfont pas à certaines exigences auxquelles sont soumis les produits surgelés, en particulier la vitesse de congélation. De plus, leur température à coeur doit seulement être inférieure ou égale à −12 °.

L'irradiation consiste à soumettre une denrée alimentaire à l'action de rayonnements ionisants, à partir de radio-éléments ou d'accélérateurs de particules permettant de prolonger leur conservation ou d'améliorer leur hygiène.

Doses efficaces selon l'effet recherché

Effets recherchés	Doses efficaces (kGy)
Inhibition de la germination des bulbes et tubercules	0,03 à 0,1
Désinsectisation	1 à 3
Pasteurisation	1 à 6
Stérilisation	15 à 50
Inhibition de l'activité enzymatique	60

se par cette technique essentiellement des produits secs qui présentent une mauvaise pénétration de la chaleur, comme les farines, les épices, les aromates, etc. C'est écrit sur l'étiquette mais souvent en très petits caractères. On peut utiliser l'ionisation pour la destruction de la flore pathogène du poulet, des ovoproduits et des crustacés à raison de 3 kGy, la destruction partielle de la microflore des fraises, du poulet et des poissons pour allonger leur durée de conservation (2 à 7 kGy), la destruction des parasites animaux de la viande à raison de 0,7 kGy la destruction des insectes dans les fruits et les graines (1 kGy), l'inhibition de la germination des pommes de terre, des oignons et des aulx à 0,03 kGy. Les études actuelles montrent que les doses supérieures à 10 kGy n'entraînent pas de changements néfastes du point de vue toxicologique dans la composition des aliments, qu'elles réduisent fortement le risque microbiologique pour le consommateur, et qu'enfin, elles ne provoquent pas de pertes d'éléments nutritifs au point d'avoir un effet négatif sur l'état nutritionnel des individus ou des populations. En conséquence, les aliments traités avec des doses inférieures à 10 kGy peuvent être considérés comme sûrs et d'une qualité nutritionnelle satisfaisante lorsqu'ils sont produits conformément aux bonnes pratiques de fabrication reconnues.

Mode d'action

Le traitement ionisant des aliments consiste à soumettre les aliments à des rayonnements que nous précisons plus loin. L'ensemble à traiter est installé dans une piscine dont le rôle est d'escamoter la source de rayonnement aux interventions dans l'installation. Lors des traitements, aucune personne ne pénètre car la dose léthale pour l'homme est d'environ 5 Gy. La matière est composée d'atomes. Les atomes se composent d'un noyau et d'un nuage électronique. Si un photon ou un électron accéléré rencontre un électron de la matière, celui-ci est éjecté en absorbant une partie de l'énergie du rayon. A son tour, il peut éjecter d'autres électrons si son énergie est trop grande pour être capté par un autre noyau. L'énergie du rayonnement diminue au fur et à mesure de ses rencontres avec la matière. L'interaction qui a lieu entre l'onde électromagnétique (le photon) et l'électron de l'atome s'appelle effet Compton (voir l'encadré "l'effet Compton"). Il s'agit d'une sorte de diffusion au cours de laquelle le photon cède une partie de son énergie à un électron qui est éjecté. Le rayon est dévié de sa trajectoire et peut, si son énergie reste suffisante, éjecter d'autres électrons. L'électron éjecté pourra lui aussi éjecter d'autres électrons avant d'être capturé par un noyau. On observe la formation d'ions (une ionisation) par déplacement d'électrons. Ces ions vont réagir en formant des liaisons ioniques qui auront pour conséquences : le retour direct à la molécule initiale, avec quelquefois une modification de la structure dans l'espace, à une dépolymérisation et exceptionnellement à des molécules nouvelles. Les produits de la radiolyse sont susceptibles d'apparaître au cours d'autres traitements, notamment au cours des traitements thermiques. L'effet est surtout observé sur les grosses molécules comme l'ADN et les conséquences sont importantes pour les organismes complexes, comme les insectes ou les micro-organismes. On peut donc tuer les organismes vivants polluant l'aliment tout en n'ayant que des effets mineurs sur le substrat. L'énergie mise en oeuvre dans l'ionisation est trop faible pour faire apparaître une radioactivité par éjection de nucléons du noyau. Aux doses employées, l'ionisation n'entraîne aucune toxicité.

Les rayons utilisés

Plusieurs types de rayons sont utilisés en fonction de l'énergie requise pour l'irradiation ; les plus énergétiques étant les rayons gamma (1,2 MeV pour le cobalt 60).

• rayons gamma.

Les atomes radioactifs ont des noyaux instables. Ils se réorganisent spontanément pour former un noyau stable avec émission de rayonnement. Les noyaux radioactifs existent naturellement en faible quantité dans la matière. On peut les créer artificiellement. Par exemple, le cobalt 60 l'est par activation du cobalt dans une pile. La radioactivité se caractérise également par la période, c'est-à-dire le temps au bout duquel elle a diminué de moitié. Elle est de 5,4 ans pour le ^{60}Co et de 30 ans pour le ^{137}Cs (césium).

• rayons X.

Comme le rayonnement gamma, les rayons X sont de nature électromagnétique, de fréquence plus importante (donc d'énergie inférieure) et surtout d'origine différente. Les rayons X proviennent d'atomes excités par des électrons accélérés.

• électrons accélérés.

On produit les électrons accélérés dans des accélérateurs de particules. Leur éner-

Arthur Compton

Arthur Compton (1892-1962) a obtenu le prix Nobel de physique en 1927 pour la découverte de l'effet qui porte son nom (voir l'encadré "l'effet Compton"). Il montra également que les rayons cosmiques sont déviés par le champ magnétique terrestre.

L'effet Compton

Il s'agit de l'étude du choc entre un photon de fréquence f et un électron considéré au repos. Même si le mot choc est un peu fort, il faut imaginer une interaction. Un faisceau de rayons X (photons de faible longueur d'onde) traverse une cible peu épaisse, pour être en mesure de considérer les interactions photon-électron comme individuelles et se placer dans le contexte d'une seule interaction photon / électron lors de la traversée de la cible. On constate alors une sorte de diffusion, c'est-à-dire qu'il est possible de détecter des photons d'énergie plus faible (plus forte longueur d'onde) diffusés dans toutes les directions, et qu'il existe une loi liant la longueur d'onde du photon diffusé et l'angle de diffusion. Pour accéder aux informations intéressantes, il suffit d'appliquer à cette sorte de choc, les lois habituelles de conservation rencontrées en mécanique (quantité de mouvement et énergie) en prenant pour énergie de photon hf, où h est la constante de Planck et f la fréquence de l'onde électromagnétique.

Ecrivons les lois de conservation dans le contexte de la mécanique classique : l'énergie totale avant le choc ou l'interaction est $hf + mc^2$, l'énergie totale après le choc $hf' + \gamma mc^2$ avec $\gamma = \dfrac{1}{\sqrt{1-\left(\dfrac{v}{c}\right)^2}}$.

La quantité de mouvement étant une grandeur vectorielle, il faut projeter la relation suivant les deux axes qui figurent sur le schéma ci-contre.

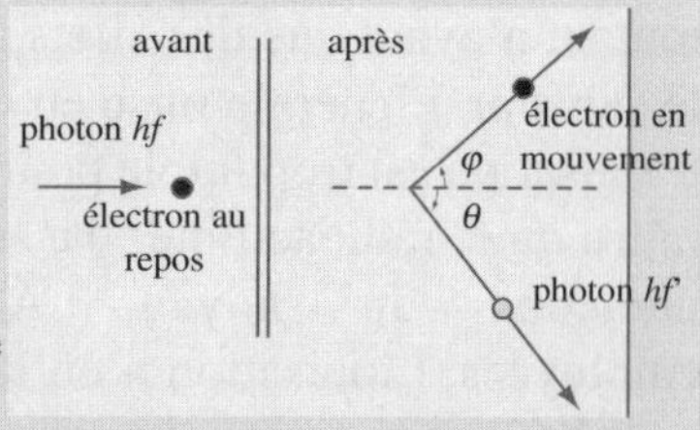

avant sur l'axe horizontal : hf / c, avant sur l'axe vertical : 0
après sur l'axe horizontal : $\gamma mv \cos \varphi + hf' / c \cos \theta$
après sur l'axe vertical : $\gamma mv \sin \varphi - hf' / c \sin \theta$

Il est heureux de constater que nous avons autant d'inconnues que de relations indépendantes.
Regroupons toutes les relations :

$$mc^2 + hf - hf' = \gamma mc^2 \ (1) \quad hf - hf' \cos \theta = \gamma mvc \cos \varphi \ (2) \quad hf' \sin \theta = \gamma mvc \sin \varphi \ (3)$$

En élevant (2) et (3) au carré, et en ajoutant, nous obtenons $(hf)^2 + (hf')^2 - 2h^2ff' \cos \theta = \gamma^2 m^2 v^2 c^2$ ce qui conduit à $m^2c^4 + (hf)^2 + (hf')^2 - 2h^2ff' - 2mc^2h(f' - f) = \gamma^2 m^2 c^4$. En éliminant les parties communes, il reste $h^2ff' (1 - \cos \theta) = mc^2h(f - f')$. En introduisant les longueurs d'onde, on obtient $\lambda' - \lambda = (h / mc)(1 - \cos \theta)$. On pose $\lambda_0 = 2h / mc$ ($\lambda_0 = 0{,}048 \ 10^{-10}$ m est appelée la longueur d'onde de Compton.), alors :

$$\lambda' - \lambda = \lambda_0 \sin^2(\theta / 2)$$

La valeur très faible de λ_0 montre que l'effet ne peut être sensible que pour les très faibles longueurs d'onde, ce qui explique l'utilisation de photons durs (photons X ou rayons gamma). Bien entendu, après une première interaction, si l'énergie du photon diffusé est suffisante, celui-ci peut réagir à nouveau avec un autre électron. Cela durera, jusqu'à ce que le photon mou, soit absorbé (capturé) par l'atome. L'expérience confirme tout le modèle. Compton a reçu le prix Nobel pour cette confirmation du modèle corpusculaire du photon. Les calculs que nous avons faits, supposent les électrons libres, or s'il est possible d'imaginer des électrons libres dans les métaux, ils sont difficiles à imaginer dans les isolants, car là, les électrons sont liés. Or l'énergie nécessaire à l'extraction (par exemple pour la paraffine) est voisine de 100 eV, ce qui correspond à des photons de 10 nm. Des photons X de longueur d'onde 0,1 nm conviennent donc fort bien et produisent l'effet Compton. Par contre, pour des photons mous, le phénomène ne sera pas observé.

gie est de l'ordre de 3 MeV pour les besoins des traitements alimentaires.

Comparaison des types de rayonnement

Les rayons X et les électrons accélérés présentent une souplesse que n'ont pas les rayons gamma, car on peut arrêter leur production à volonté. D'autre part, les débits sont très différents :

- 10 $kGy.h^{-1}$ pour les rayons gamma
- 10 $kGy.min^{-1}$ pour les rayons X
- 10 $kGy.s^{-1}$ pour les électrons accélérés

Les chiffres sont éloquents quant à l'énergie apportée par chaque type de rayon. La pénétration des électrons est très faible ce qui limite leur utilisation pour des traitements de surface ou pour des matières de faible épaisseur ou de faible densité. Cependant, les trois techniques permettent d'obtenir des effets identiques, reproductibles et homogènes et il n'y a pas d'élévation significative de la température lors du traitement.

La peur viscérale du nucléaire

Il faut maintenant dissiper le mythe de l'irradiation des aliments, même si le cobalt 60 utilisé pour l'irradiation est identique à celui dont on se sert dans le traitement du cancer. De récents sondages effectués auprès des consommateurs (canadiens et américains) indiquent que l'attitude concernant les aliments irradiés est devenue positive. Les mangues, les papayes et les fraises irradiées ont connu des promotions des plus fructueuses aux États-Unis. Cependant, la conception erronée entourant certains aspects de l'irradiation des aliments ont retardé le développement de cette technique. Les principales inquiétudes exprimées par les consommateurs concernent la sécurité des travailleurs et de l'environnement, la radioactivité, les risques à long terme sur la santé et enfin la qualité nutritive des aliments irradiés. Les considérations financières ne sont pas absentes, mais passent en général au second plan.

Chérif Zananiri

Bibliographie

Il est assez difficile d'avoir une source d'information d'origine française ; le sujet serait-il tabou ? Il faut se satisfaire d'une riche documentation canadienne, suisse et belge.

[1] Santé Canada - Irradiation des aliments, Division 26, Loi sur les aliments et drogues, 23 mars, 1989, page 731.

[2] Groupe consultatif international sur l'irradiation des denrées alimentaires, Dossier sur l'irradiation des denrées alimentaires. Division mixte FAQ/AIFA de l'application des techniques nucléaires dans l'alimentation et l'agriculture, Vienne, Autriche, 1991.

[3] Prise de position de l'Américan Dietetic Association : Irradiation des aliments. Journal de l'Américan Dietetic Association, 1996: 96 (1); 59-72.

[4] Association des consommateurs du Canada. Sécurité alimentaire au Canada, 1990.

Jouer avec les Noyaux Atomiques

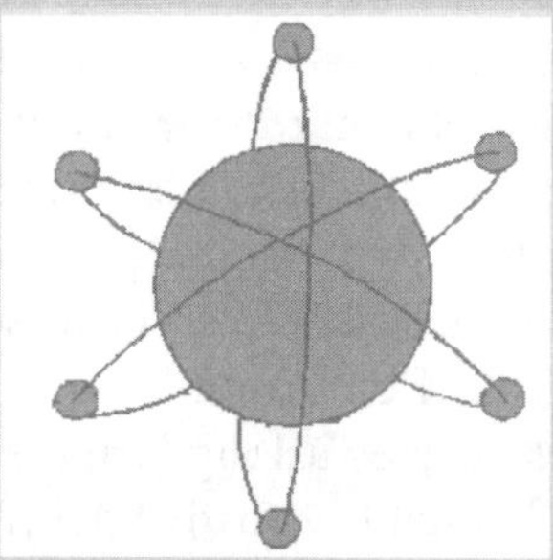

Le noyau atomique, un jeu d'attraction et de répulsion.

En modifiant le nombre de constituants d'un noyau atomique il est possible de produire de l'énergie et de nouveaux noyaux stables ou instables. Voici quelques éclaircissements sur les lois qui régissent ces phénomènes.

L'atome est formé d'un noyau autour duquel se trouve un nuage d'électrons. Ce noyau est lui-même formé de nucléons, c'est à dire de protons et de neutrons. Le nombre de nucléons formant un noyau doit respecter certaines règles. En effet, les protons possèdent une charge électrique (exactement opposée à celle de l'électron), ils se repoussent donc naturellement. Un noyau où se trouvent trop de protons se cassera à cause de la répulsion des protons entre eux. Les neutrons, quant à eux ne peuvent pas vivre très longtemps seuls sans protons (la demi-vie d'un neutron seul est de l'ordre de 15 minutes), dans un noyau où se trouvent trop de neutrons, certains de ces neutrons se trouverons trop loin des protons et ils se désintégreront spontanément en proton par un phénomène appelé radioactivité β^-. Pour être stable un noyau doit avoir légèrement plus de neutrons que de protons, cependant, même quand cette règle est respectée certains noyaux, trop gros, se cassent d'eux même.

Une force, appelée force nucléaire forte, fait tenir les protons et les neutrons d'un noyau ensemble, malgré la répulsion électromagnétique des protons entre eux. Cette force est produite par l'échange constant de particules appelées "mésons" entre les nucléons. L'échange de mésons correspond à un échange réciproque d'énergie entre constituants du noyau, cette énergie constitue l'énergie de liaison du noyau. Elle peut se mesurer en comparant la masse du noyau et celle de ses constituants pris séparément. Effectivement, conformément au principe d'équivalence entre la masse et l'énergie (par l'intermédiaire de la célèbre formule $E = Mc^2$), l'énergie de liaison du noyau est "prélevée" sur sa masse. Un noyau est donc plus léger que l'ensemble de ses nucléons constituants pris isolément.

L'énergie nécessaire à la liaison n'est pas la même pour tous les noyaux, selon la forme du noyau, la répulsion électrique entre eux et de nombreux autres paramètres. Les éléments pour lesquels la différence, par nucléon, de masse entre constituants séparés et masse du noyau est la plus grande sont ceux qui ont un nombre de masse (A), c'est à dire un nombre de nucléons, de l'ordre de 60 (métaux proches du fer).

Produire de l'énergie en modifiant les noyaux

Si je prends deux éléments dont la somme des nombres atomiques est inférieur au nombre atomique du fer et que je les force à "fusionner" ensemble pour former un nouveau noyau, j'obtiendrai un noyau final plus léger que la somme des masses des noyaux initiaux. La différence de masse aura été convertie en énergie. C'est sur ce principe que repose la fusion nucléaire (voir l'article sur "l'énergie du futur"). Si par contre, je prends deux noyaux plus lourds que le fer et que je les fusionne en un nouveau noyau, il va falloir fournir beaucoup d'énergie car le nouveau noyau sera plus lourd que les deux noyaux initiaux. Inversement, si je casse un noyau très lourd en deux noyaux plus légers (mais plus lourds que le fer), la somme des noyaux finaux sera inférieure à celle du noyau initial, la différence aura été convertie en énergie. C'est ce qui se fait dans les centrales nucléaires (voir l'article "les centrales nucléaires") ou ce qui se faisait dans les bombes A (voir l'article "comment faire une bombe A"). Casser en deux morceaux un noyau plus léger que le fer est très difficile car cela demande à nouveau beaucoup d'énergie.

Tous les noyaux ne vivront pas longtemps

Une fois formés, tous les noyaux ne vont pas pouvoir survivre très longtemps. Certains auront un rapport entre le nombre de protons et de neutrons trop déséquilibré pour pouvoir rester ainsi, d'autres seront trop gros pour être stable. Les forces de la nature interviennent alors de différentes manières pour rétablir l'équilibre.

Comme cela a été vu plus haut, un neutron ne peut pas vivre seul très longtemps, sinon il se désintègre en un proton, un électron et un anti-neutrino électronique. Cette forme de désintégration est appelée radioactivité β^- (le – faisant référence à la charge de la particule émise : l'électron),

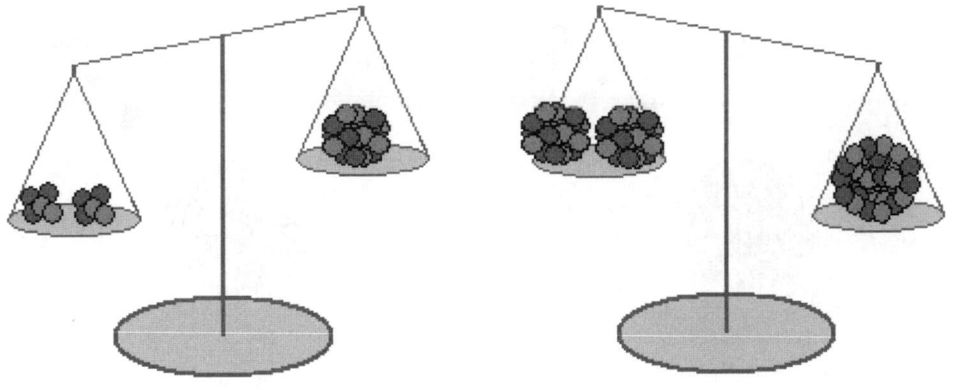

Deux noyaux de nombre atomique inférieur à celui du fer sont plus lourds que le noyau formé par leur fusion.

Un noyau de nombre atomique plus grand que celui du fer est plus légers que la somme des masses de ses produits de désintégration.

elle se produit par exemple lors de la désintégration du Césium 137 en Baryum 137 ($^{137}_{55}Cs \xrightarrow{\beta^-} {}^{137}_{56}Ba + e^- + \overline{\nu}_e$). Mais le phénomène inverse peut se produire dans un noyau souffrant d'un excès de protons : l'un de ceux-ci peut se transformer en un neutron accompagner d'un positron (l'antiparticule de l'électron) et d'un neutrino électronique. Logiquement, il s'agit de radioactivité β^+ qui intervient, par exemple, dans la désintégration du Sodium 22 en Néon 22 ($^{22}_{11}Na \xrightarrow{\beta^+} {}^{22}_{10}Ne + e^+ + \nu_e$).

Dans certains noyaux le nombre de nucléons est trop grand pour qu'un équilibre soit facilement atteint. Le noyau va alors émettre deux protons et deux neutrons (formant un noyau d'hélium 4), réduisant ainsi son nombre de masse. Cette désintégration s'appelle radioactivité α (le noyau d'hélium émis est aussi appelé particule α). Le Plutonium 238 se transforme naturellement en Uranium 234 par désintégration α ($^{238}_{94}Pu \xrightarrow{\alpha} {}^{234}_{92}U + {}^{4}_{2}He$).

Enfin, les noyaux vraiment trop lourds peuvent émettre des noyaux encore plus lourds que les particules α, souvent cela se produit dans des noyaux qui peuvent aussi se désintégrer par émission α. Ce phénomène, appelé fission spontanée se produit lors d'une désintégration sur un milliard du Radium 223 (les autres désintégrations étant des désintégrations α): $^{233}_{88}Ra \xrightarrow{\text{Fission spontanée}} {}^{209}_{82}Pb + {}^{14}_{6}C$.

Ce dernier exemple nous montre qu'un même noyau peut avoir plusieurs modes de désintégrations. Ces différents modes de désintégrations peuvent avoir une origine purement probabiliste comme c'est le cas pour la désintégration du radium 223 ou venir de configurations différentes des nucléons dans le noyau au moment de la désintégration.

Vu que ces désintégrations se produisent spontanément, elles correspondent à une production d'énergie. Cette énergie libérée lors de la désintégration va partiellement être émise sous forme d'énergie cinétique qui fait que les produits de

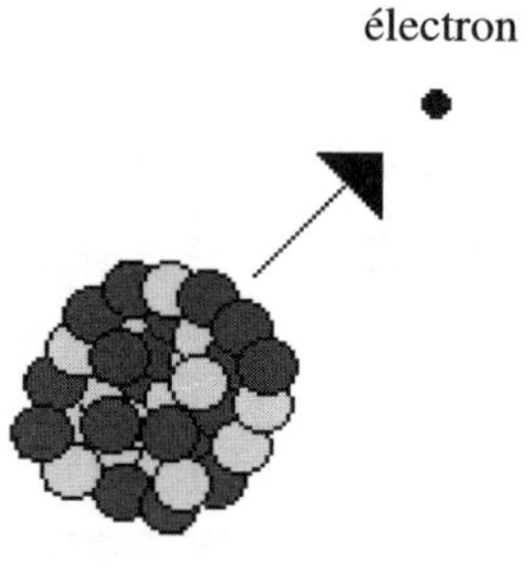

Emission β^-
par exemple, le thorium 234 est radioactif β^- et se transforme en protactium 234.

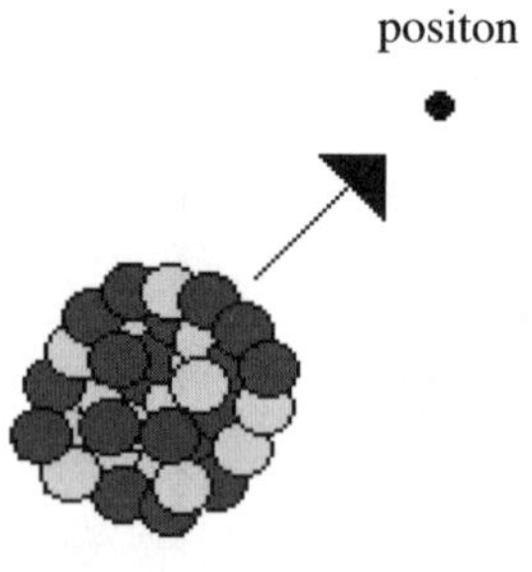

Emission β^+
par exemple, l'iode 122 est radioactif β^+ et se transforme en téllure 122.

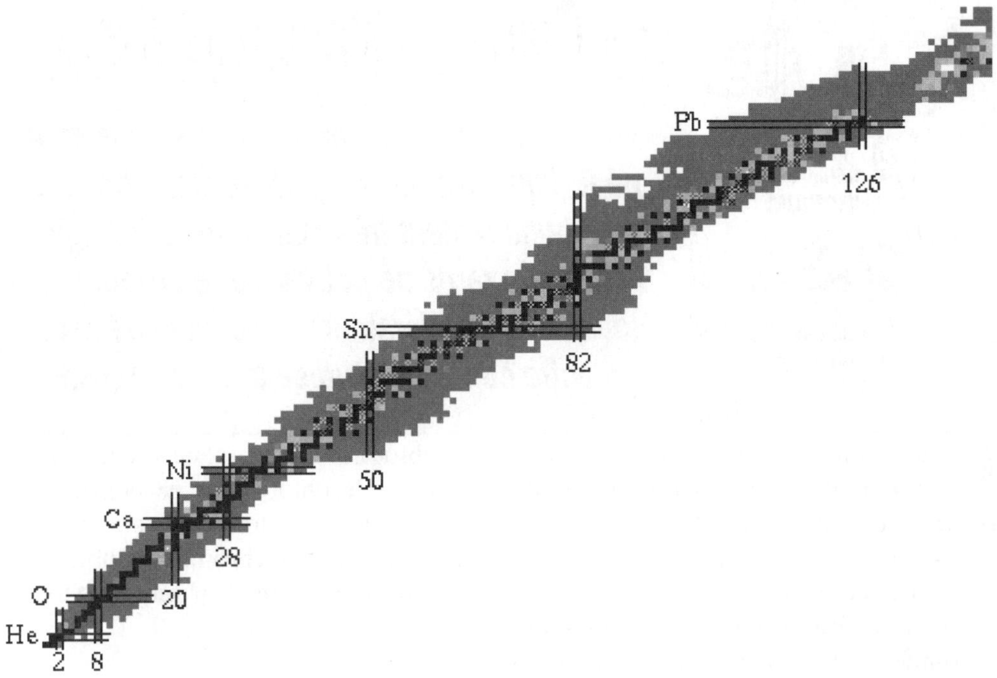

Table des isotopes :
Sur cette table sont représentés tous les isotopes connus (les isotopes instables sont en gris foncé : bord de la bande). L'axe vertical correspond au numéro atomique (Z) et l'axe horizontal au nombre de protons (N).

désintégration s'éloignent après la réaction et partiellement sous forme de photons appelés photons γ ou rayonnement γ.

Les phénomènes décrits dans cet article ont été compris au début du siècle et c'est leur utilisation qui a permis d'utiliser l'énergie nucléaire dans les applications que nous lui connaissons et qui sont développées dans les autres articles.

Nicolas Delerue

Bibliographie

[1] Les cahiers du CEA: http://www.cea.fr/html/cahiers.htm

[2] Burcham and Jobes, *Nuclear and particle physics* Longman, 1995.

Le Hassium doit son nom à l'état de Hesse.

La Chimie de Nouveaux Atomes

Alors que la plupart des éléments de la table périodique ont des propriétés bien connues, certains restent très mal connus. Il s'agit d'éléments rares ne pouvant être produits que dans des accélérateurs. La chimie de deux d'entre eux a été étudiée très récemment.

La production de nouveaux noyaux atomiques "superlourds" nécessite l'utilisation d'accélérateurs d'ions lourds (voir l'article "les noyaux super-lourds") et ne peut se faire qu'atome par atome. Une fois produit ces atomes ont une durée de vie très brève ce qui rend l'étude de leurs propriétés physiques très difficiles. Pourtant ces propriétés permettent de mieux comprendre les lois de la physique et de la chimie, y compris pour les atomes plus courants.

La chimie du borium

Une collaboration scientifique internationale s'est donc intéressée aux propriétés de l'élément 107 (dont le nom recommandé est bohrium). Pour cela, les chercheurs ont tout d'abord sélectionné un isotope de l'élément 107 ayant une durée de vie suffisamment longue. Cet isotope, l'isotope 267 du bohrium avait été découvert en 1999 à Berkeley et a une demi-vie de 15 secondes. Pour le produire les physiciens envoient du néon 22 sur une cible de berkélium 249. Dès leur production, les atomes de borhium sont plongés dans une atmosphère contenant de l'oxygène et du chlorure d'hydrogène où ils forment un gaz : le chloroxyde de bohrium. Les molécules ainsi formées sont envoyées dans une colonne chromatographique permettant de mesurer leur température d'évaporation.

L'expérience a duré un mois pendant lequel 3 atomes de bohrium étaient produits chaque jour. Seul 6 de ces atomes ont réellement formé une molécule ayant atteint la colonne chromatographique et été détectée. Les mesures, dont les résultats ont été publiés en septembre 2 000, ont montré que le bohrium entre en ébullition aux environs de 180°C. Ses propriétés chimiques semblent être proches de celles des autres éléments de sa colonne dans la table périodique des éléments, le rhénium et le technétium.

La chimie du hassium

Le hassium, quant à lui, a été produit pour la première fois en 1984 à Darmstadt dans l'état de Hesse (Hassias en latin, d'où le nom de l'élément). Les chercheurs ont vérifié que, comme prévu, cet élément appartient au groupe 8 de la classification

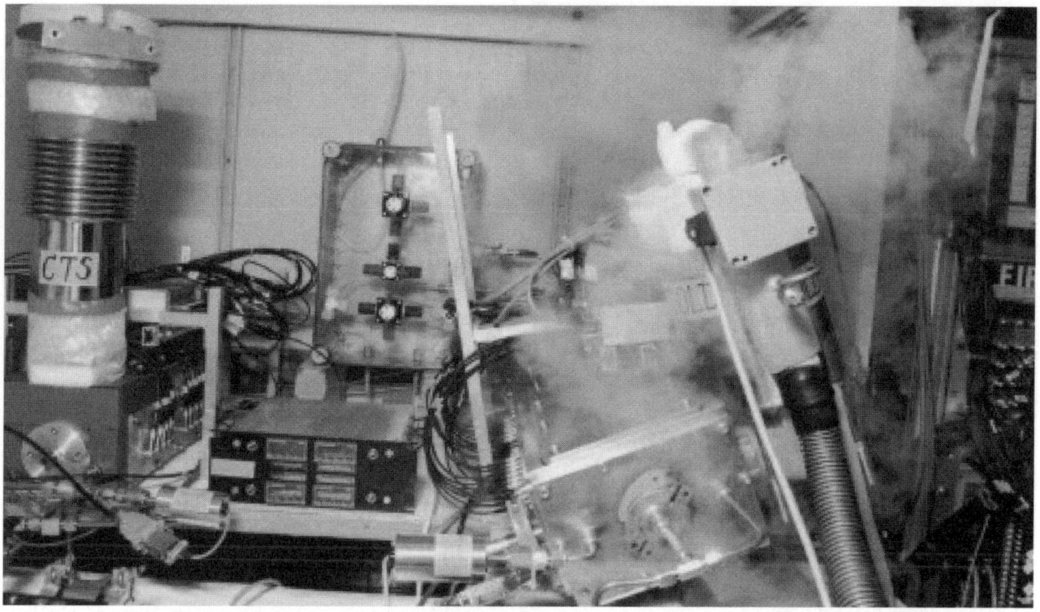

Le dispositif expérimental ayant permis de mesurer les propriétés de l'élément 108

périodique des éléments, juste en dessous de l'osmium. Comme ce dernier, il forme un oxyde gazeux. Les techniques utilisées pour l'étude du hassium ont donc été mises au point lors d'une étude de l'osmium. Pour former du hassium, il faut envoyer du magnésium 26 sur une cible de curium 248 (curium 248 qui doit lui aussi être synthétisé en laboratoire puisqu'il n'existe pas à l'état naturel). Plusieurs cibles de curium 248 ont donc été montées sur une roue qui permettait de plonger la cible dans de l'oxygène après chaque faisceau. Si du hassium avait été formé, celui-ci était oxydé puis emporté par un courant d'hélium et se condensait sur des diodes semi-conductrices maintenues à une température constante comprise entre −20°C et −170°C. Cette technique a permit de montrer que l'oxyde d'hassium se condense à une température plus élevée que l'oxyde d'osmium. Cette méthode, dont les résultats ont été rendus publics le 17 mai 2 000, va maintenant pouvoir être utilisée pour mesurer les propriétés physiques des éléments 116 et 118 découverts en 1999 qui devraient être, selon les prédictions des chercheurs, eux aussi des éléments gazeux.

Nicolas Delerue

Bibliographie

[1]http://www.lbl.gov/Science-Articles/Archive/element-107-chemistry.html

[2] http://www.gsi.de/presse/Hassium.html

[3] http://www.psi.ch/psi_homepage_d/news_events/pressemitteilungen/pm04_2001.html

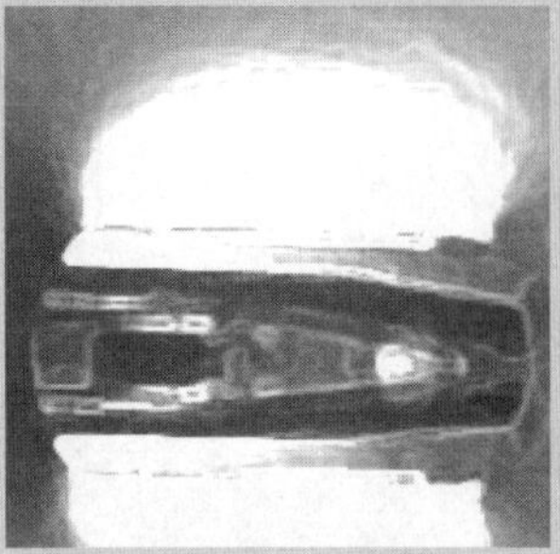

Naissance de l'élément 114
dans la catégorie superlourd.

Les Noyaux Superlourds

Dans la catégorie "superlourd", nous accueillons aujourd'hui l'élément 114, un modèle de stabilité, enfin synthétisé.

Un noyau superlourd est un noyau qui possède plus de protons que celui de l'uranium (qui en contient déjà 92). Ces éléments transuraniens n'existent pas à l'état naturel et sont donc produits par synthèse (leur noyau, plus exactement).

Petit noyau deviendra grand

A l'échelle de l'existence de la physique atomique, cela fait bien longtemps que la quête de l'élément superlourd a débuté. On a commencé modestement par rechercher puis synthétiser des éléments de petit numéro atomique. En 1936, Emilio Segré isole dans un échantillon du cyclotron de Berkeley le technétium (de numéro atomique Z=43), obtenu par irradiation de molybdène par du deutérium. L'intérêt du deutérium est de fournir un neutron, qui, capté par le noyau de molybdène, conduit selon la théorie de Fermi de 1934 à une désintégration bêta : une fois le neutron capté, le nouveau noyau formé peut être soit stable, soit radioactif. Dans le deuxième cas, le neutron se désintègre en un proton, un électron et un antineutron. Le noyau irradié compte alors un proton supplémentaire, on a donc augmenté son numéro atomique d'une unité et ainsi créé un nouvel élément. Par cette technique, on voit qu'on fournit aussi un électron supplémentaire, ce qui asure la neutralité électrique de l'espèce formée. C'est donc bien un atome de technétium qui est créé et pas seulement le noyau.

Puisque ça marche pour les éléments à petit numéro atomique, pourquoi ne pas essayer pour des éléments plus lourds ? C'est chose faite en 1940 avec la synthèse du neptunium (Z=93), élément qui suit directement l'uranium dans le tableau périodique. Puis petit à petit, en augmentant toujours le nombre de protons d'une unité, Seaborg et ses collègues de Berkeley créent entre 1940 et 1950 de nombreux transuraniens et complètent partiellement la série des actinides (deuxième ligne du bloc f dans la classification périodique) : plutonium (Z=94), américium (95), curium (96), berkélium(97), californium(98), einsteinium (99) et fermium (100). Là encore, le produit obtenu est bien un atome, puisqu'on ajoute à la fois proton et électron à l'atome de départ. Cependant, toutes les synthèses ne connaissent pas le même

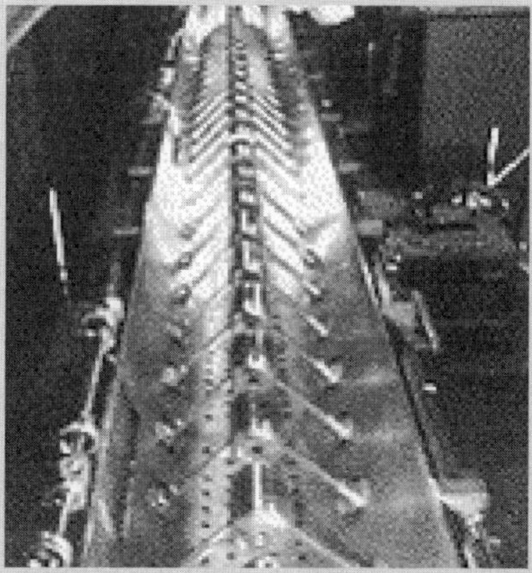

Un accélérateur linéaire est un accélérateur de particules qui accélère des particules chargées - des électrons, des protons ou des ions lourds - en ligne droite.

succès : pour plus de 1000 tonnes (environ 10^{30} atomes) de plutonium, on n'a obtenu que quelques millièmes de milliardième de gramme de fermium (10^{10} atomes). La technique atteint donc ses limites : il est difficile d'aller au-delà du fermium par désintégration bêta.

Au temps de la guerre froide

Pourquoi, alors, ne pas essayer de greffer directement plusieurs protons en une seule opération ? On peut bombarder un élément lourd (du plutonium à l'einsteinium) avec des éléments légers comme le carbone, l'azote ou l'oxygène. Pour cela, il faut d'abord disposer d'un accélérateur, qui permet de donner à des ions une énergie (cinétique) définie. Les premiers construits, à la fin de la seconde guerre mondiale, sont des accélérateurs linaires. Mais il faut aussi et surtout des éléments transuraniens en grande quantité, ce qui demande des installations nucléaires. A la fin des années 1940, les seuls pays à disposer de ces deux technologies sont les Etats-Unis (à Berkeley) et l'URSS (à Dubna). Plus tard, le laboratoire allemand de Darmstadt se lancera lui aussi dans la course. Cette compétition se lit dans les noms donnés aux éléments découverts, souvent simultanément ou presque dans les différents laboratoires. Ces éléments ont longtemps eu deux noms différents, l'un donné par les Américains, l'autre par les Russes, et c'est seulement en 1997, après de nombreuses polémiques qu'un sondage organisé par l'IUPAC (organisme qui définit les nomenclatures systématiques) auprès des chimistes du monde entier permet de donner un nom aux éléments 102 à 109. Ceux de numéro atomique supérieur attendent encore.

Les premiers noyaux obtenus l'ont été par irradiation par de l'hélium (particule alpha). Par fusion de l'hélium et de l'einsteinium, le groupe de Berkeley obtient en 1955 le mendélévium (Z=101), puis entre 1958 et 1975, les deux groupes (Dubna et Berkeley) obtiennent le nobélium (102), le lawrencium (103, dernier élément des actinides), le rutherfordium (104) , le dubnium (105) et le seaborgium (106). Puis la technique atteint à nouveau sa limite ; ici, c'est l'accélérateur de particules linéaire qui n'est plus assez efficace. Entre alors en course l'équipe de Darmstadt, qui possède un accélérateur plus efficace, permettant d'accélérer tous les types d'ions, y compris l'uranium. La progression peut donc continuer, notamment en direction de l'élément 114.

Une île entre le ciel et l'eau

Pourquoi l'élément 114 ? On sait depuis le début du vingtième siècle que les électrons sont répartis autour du noyau en couches et qu'une grande stabilité est atteinte lorsqu'une couche ou une sous-couche est remplie. Reprenant cette idée, Goeppet-Mayer et Jensen ont développé une théorie similaire pour le noyau en décomptant les nucléons, c'est-à-dire l'ensemble protons plus neutrons, et en proposant des règles de remplissage des couches atomiques, ce qui leur valut le prix Nobel de physique en 1963. Pour étayer cette théorie, on peut comparer plusieurs isotopes d'un même noyau, c'est-à-dire des espèces qui ont le même nombre de protons mais des nombres de neutrons différents. On remarque alors que le calcium 40 (20 protons et 20 neutrons) et le calcium 48 (20 protons et 28 neutrons) sont particulièrement stables, tout comme le plomb 208 (82 protons et 126 neutrons). Ces trois espèces ont toutes leurs couches pleines, ce qui leur confère une grande stabilité. Un noyau qui a une couche pleine (proton ou neutron) est dit magique, et doublement magique quand ses deux couches (proton et neutron) sont pleines, ce qui est le cas du calcium 40 ou du plomb 208. La théorie prévoit que le prochain noyau doublement magique après le plomb possède 114 protons et 184 neutrons. Cela peut sembler un peu éton-

Tableau périodique des éléments

H																	He
Li	Be											B	C	N	O	Fe	Ne
Na	Mg											Al	Si	P	S	Cl	Ar
K	Ca	Sc	Ti	V	Cr	Mn	Fe	Co	Ni	Cu	Zn	Ga	Ge	As	Se	Br	Kr
Rb	Sr	Y	Zr	Nb	Mo	**Tc**	Ru	Rh	Pd	Ag	Cd	In	Sn	Sb	Te	I	Xe
Cs	Ba		Hf	Ta	W	Re	Os	Ir	Pt	Au	Hg	Tl	Pb	Bi	Po	**At**	Rn
Fr	Ra		***Rf***	***Db***	***Sg***	***Bb***	***Hs***	***Mt***	***Uun***	***Uuu***	***Uub***	***Uut***	***Uuq***	***Uup***	***Uuh***	***Uus***	***Uuo***

La	Ce	Pr	Nd	**Pm**	Sm	Eu	Gd	Tb	Dy	Ho	Er	Tm	Yb	Lu
Ac	Th	Pa	U	***Np***	***Pu***	***Am***	***Cm***	***Bk***	***Cs***	***Ef***	***Fm***	***Md***	***No***	***Lr***

Les éléments en *italique* sont les transuraniens, ceux en **gras** n'existent pas à l'état naturel.

nant car on a longtemps pensé que la période de désintégration (ou temps de demi-vie) des éléments diminue rapidement à mesure que leur masse augmente, ce qui fait que l'élément 114 devrait être moins stable que ses prédécesseurs. C'est pourquoi la production d'élément 114 a une telle importance pour confimer ou infirmer la théorie. Dans ce cadre, la représentation en trois dimensions de la stabilité des noyaux en fonction du nombre de protons et de neutrons ressemble, pour les noyaux lourds, à un océan (dans lequel on retrouve tous les noyaux instables à courte durée de vie) avec une "montagne magique" (pic de stabilité) qui correspond au plomb 208 et un "îlot de stabilité" dont le point culminant est l'élément à 114 protons et 184 neutrons, et qui contient aussi d'autres isotopes de cet élément dont un à 175 neutrons, et un isotope des éléments 115 et 116. La difficulté pour accéder à cet îlot est le nombre important de neutrons que contiennent ces éléments. Il faut donc introduire beaucoup de neutrons dans le noyau cible : à Dubna, on choisit d'irradier une cible de plutonium 244, l'isotope le plus lourd, avec du calcium 48, un isotope rare mais très riche en neutrons. Cette technique avait déjà permis d'obtenir l'élément 100 en bombardant une cible de plomb avec des ions d'argon. A Darmstadt aussi, plusieurs succès sont dus à cette technique : production du bohrium (107), de l'hassium (108) et du meitnerium (109), et par fusion froide du plomb 208 avec du nickel 62 de l'élément 110 (Uun). Cet élément, initialement composé de 160 neutrons en perd un.

$$^{208}_{82}\mathrm{Pb} + ^{62}_{28}\mathrm{Ni} \rightarrow ^{270}_{110}\mathrm{Uun}^* \rightarrow ^{269}_{110}\mathrm{Uun} + ^{1}_{0}\mathrm{n}$$

La matière et l'âge de la Terre.

La matière rencontrée sur Terre n'est pas représentative de celle que l'on peut trouver dans le reste de l'univers. Au sein des étoiles règnent des températures et des pressions fantastiques. Ce sont de gigantesques réacteurs nucléaires où sont synthétisés en permanence des noyaux d'atome éphémères. On ne peut les trouver sur Terre à l'état naturel.

Notre planète est vieille d'environ 4,5 milliards d'années. Seuls les noyaux ayant au moins cette longévité y sont encore présents. On sait maintenant que des noyaux naturellement absents de notre environnement peuvent rendre de grands services. Ainsi, le cobalt et l'iridium traitent certains cancers, radiographient de gros ensembles, contrôlent des soudures ; l'américium sert aux détecteurs de fumée. Bien des noyaux instables servent de "traceurs" en recherche médicale, hydrologie, en contrôle d'usure des pièces en mouvement, en recherche pétrolière, géologie, etc. Comment le savond-nous ? Tout simplement parce que depuis plus d'un demi siècle, les physiciens recréent ces noyaux disparus et en ont établi et exploité les propriétés.

La motivation réelle de toutes ces recherches ne sont cependant pas toutes ces applications aussi importantes soient-elles. La vraie motivation de cet énorme travail de synthèse de noyaux artificiels toujours plus lourds est le désir de mieux comprendre la matière de notre univers.

Sa durée de vie de 170 microsecondes ne permet pas une identification directe et il est caractérisé par ses produits de désintégration. Puis on passe à l'élément 111 avec irradiation du bismuth 209 par le nickel 64. Deux produits de désintégration de ces éléments sont particulièrement intéressants : il s'agit des isotopes 268 du meitnerium et 264 du bohrium, beaucoup plus stables que les autres isotopes plus légers de ces éléments, ce qui confirme la théorie des couches de remplissage du noyau. Ensuite, en utilisant du zinc 70

Une chaîne de désintégrations.

Lorsque la chaîne de désintégrations d'un noyau de synthèse aboutit à un élément relativement stable et connu, il est assez aisé d'identifier l'espèce obtenue. C'est le cas par exemple avec l'élément 112 (Uub). Il est obtenu par fusion du zinc 70 avec le plomb 208.

$$^{70}_{30}\text{Zn} + ^{208}_{82}\text{Pb} \rightarrow ^{278}_{112}\text{Uub}^* + \text{neutron}$$

L'élément 112 obtenu est excité et il se stabilise en perdant un neutron, de telle sorte que l'espèce qui entre dans le détecteur possède 277 nucléons. Il se désintègre ensuite par émission de particules alpha (noyaux d'hélium), pour aboutir finalement à un isotope connu du fermium.

$$^{277}_{112}\text{Uub} \rightarrow ^{4}_{2}\text{He} + ^{273}_{110}\text{Uun}$$

$$^{273}_{110}\text{Uun} \rightarrow ^{4}_{2}\text{He} + ^{269}_{108}\text{Hs}$$

$$^{269}_{108}\text{Hs} \rightarrow ^{4}_{2}\text{He} + ^{265}_{106}\text{Sg}$$

$$^{265}_{106}\text{Sg} \rightarrow ^{4}_{2}\text{He} + ^{261}_{104}\text{Rf}$$

$$^{261}_{104}\text{Rf} \rightarrow ^{4}_{2}\text{He} + ^{257}_{102}\text{No}$$

$$^{257}_{102}\text{No} \rightarrow ^{4}_{2}\text{He} + ^{253}_{100}\text{Fm}$$

Par contre, dans le cas de l'élément 114, la désintégration commence bien par émission de particules alpha, mais elle se termine par une fission spontanée dont on ne sait pas caractériser les produits. On connaît seulement leur énergie cinétique, dont on sait qu'elle augmente avec le nombre de protons du noyau qui a fissionné. Cela ne permet bien évidemment pas d'accéder au nombre de neutrons de l'élément. Quant à l'élément 118, le dernier noyau de la chaîne de désintégration ne correspond pas à un isotope connu, et on ne peut donc pas remonter jusqu'à la composition du noyau obtenu.

riche en neutrons, on passe à l'élément 112 en 1996, toujours identifié par l'étude des éléments obtenus lors de sa désintégration. Cette synthèse a permis d'obtenir deux noyaux en 24 jours. Enfin, en 1999, à Dubna, l'élément 114 apparaît sous forme de son isotope 175. Sa durée de vie est nettement supérieure à celle des noyaux précédemment synthétisés : 30 secondes, une éternité en physique atomique. Presque en même temps, les Américains ont eux synthétisés les éléments 116 et 118 avec une surprise pour l'élément 118 : sa probabilité d'obtention est nettement supérieure à celle prédite par la théorie. En effet, trois éléments ont pu être synthétisés en seulement 11 jours par collision entre du plomb et du krypton 86. C'est pour le moment l'élément le plus lourd jamais synthétisé ; l'élément 116 est lui obtenu par désintégration au bout d'environ une milliseconde du 118. Pourquoi cette probabilité est-elle aussi importante ? On observe généralement (et ceci a été montré par l'équipe de Darmstadt) que la probabilité d'obtention d'un noyau est divisée par 3 quand le nombre de charge de l'élément augmente de une unité. L'élément 118 devrait donc avoir une probabilité de formation de trois ordres de grandeur plus faible que celle de l'élément 102. Or elle est double, ce qui montre que le mécanisme de formation de l'élément 118 doit être différent de celui des éléments inférieurs à 112 pour lesquels la loi est vérifiée. Une explication proposée pour ce phénomène tient à la nature des ions employés lors de l'expérience : on utilise en effet du krypton 86, noyau magique car sa couche de neutrons est remplie. La stabilité de cet isotope renforcerait la probabilité de fusion lors de sa rencontre avec la cible.

Glenn Seaborg

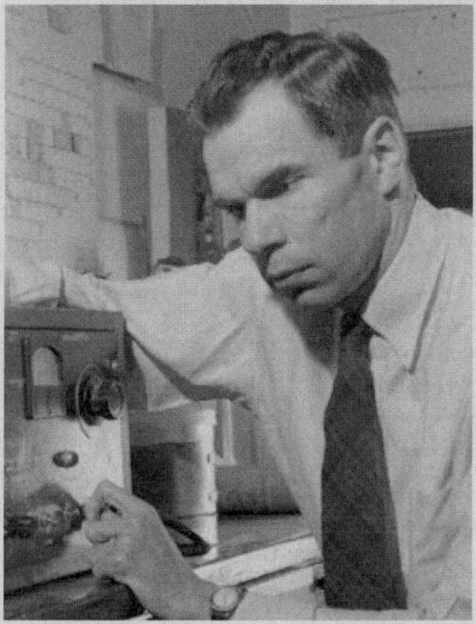

Glenn Seaborg (1912-1999) a obtenu le prix Nobel de chimie en 1951 (avec Edwin Mac Millan) pour sa découverte des transuraniens. Il a joué un rôle central dans le projet Manhattan puisqu'on lui doit la découverte du plutonium 239 en 1941.

Un noyau parmi tant d'autres

Quant à l'élément 114, son identification est loin d'être simple. Produit par bombardement de minces feuilles de titane recouvertes de quelques milligrammes de plutonium 244 par du calcium 48, sa synthèse est accompagnée de celle de bien d'autres noyaux.

L'étude de sa désintégration par émission de particules alpha pour former l'élément 112, puis 110, … n'apporte pas les informations espérées car d'autres noyaux produits en même temps ont quasiment la même chaîne de désintégrations. Un séparateur à gaz (de l'hydrogène) permet d'éliminer les noyaux sans intérêt, si bien que seuls quelques éléments lourds sont détectés. Lors de la première expérience réalisée en 40 jours, seuls trois noyaux, dont deux d'américium 244, ont été détectés. Les désintégrations du troisième correspondent bien aux prévisions faites pour l'élément 114. Depuis, trois isotopes ont été identifiés : le 289 (175 neutrons) à durée de vie de 30 secondes, le 287, moins stable car plus proche du bord de l'îlot de stabilité dont la durée de vie est raccourcie à 5 secondes, et le 288.

On cherche aujourd'hui à synthétiser d'autres isotopes encore plus stables des noyaux superlourds : il semble en effet que ceux produits aient une durée de vie plus longue que ne le prévoyait la théorie. Il ne restera ensuite qu'à trouver un nom aux éléments synthétisés, ce qui risque de prendre encore bien du temps.

Valérie Laurent

La Mécanique Quantique

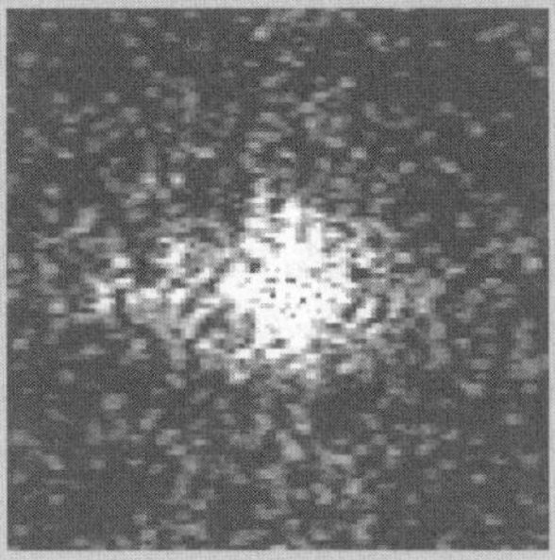

Le photon : caractère discontinu de la lumière.

Le monde microscopique obéit aux lois de la physique à sa façon. Il nécessite l'introduction de nouveaux concepts et une nouvelle vision du monde : la mécanique quantique.

Le but de cet article est de montrer les difficultés soulevées lors de l'étude du noyau atomique en particulier, et de l'infiniment petit en général. En effet, le monde microscopique n'obéit pas de la même façon aux lois de la physique qui correspondent au monde macroscopique ; il est donc nécessaire d'introduire de nouveaux concepts et une nouvelle vision du monde que l'on observe : c'est la mécanique quantique.

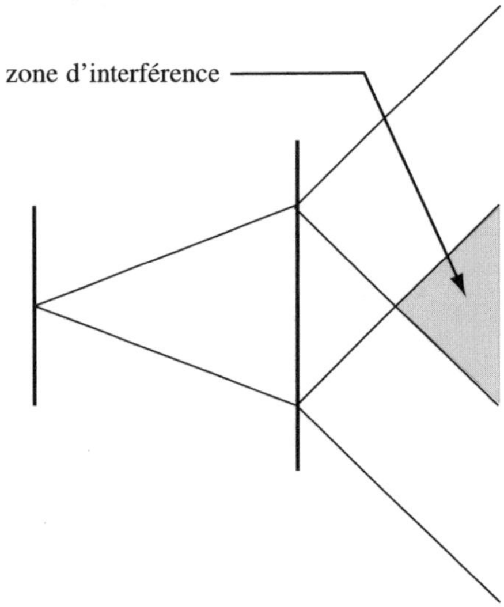

La zone d'intersection des deux faisceaux est la zone d'interférence.

Pour illustrer le concept, nous choisissons le phénomène de la bifente d'Young, une expérience fort délicate à exploiter. Au départ, elle a été un élément fondamental dans la mise en évidence de l'aspect ondulatoire de la lumière.

Le montage est simple : une première fente diffracte et étale le faisceau, une paire de fentes à la suite (bifente) reçoit la même lumière, diffracte à son tour. Dans la zone de superposition, on observe des franges dites d'interférence, alternativement brillantes et obscures, donnant la preuve du caractère ondulatoire de la lumière. Plus tard, lorsqu'on essaie de l'étudier sous l'angle corpusculaire en imaginant la lumière constituée de photons, on se rend compte que progressivement, elle peut être modélisée avec l'équivalent d'une mitraillette et des balles que l'on voit passer à travers une fente ou deux fentes.

Qu'est-ce que la lumière ?

Une des questions qui préoccupa la science médiévale concernait la nature de la lumière. Vers la fin du dix-neuvième siècle la question paraît résolue grâce aux équations de Maxwell relatives à la théorie ondulatoire des ondes électromagnétiques. En tout point donné dans l'espace, il y a un être abstrait appelé un "champ" électrique. Personne ne sait ce que c'est exactement, mais nous savons qu'il a un effet, qu'il agit sur les particules chargées : une charge peut être accélérée et déviée grâce à un champ électrique. L'onde électromagnétique qui existe n'est pas stationnaire, elle varie en fonction du temps (on pourrait imaginer une variation sinusoïdale). On peut ainsi dire que pour un champ qui se propage du nord au sud, il y une oscillation perpendiculaire à cette direction de propagation ; cette oscillation donne un champ tantôt vers le haut, tantôt vers le bas, tantôt nul, etc. C'est cela que l'on appelle un champ ondulatoire et il ne faut surtout pas imaginer des ondes matérielles comme à la surface de l'eau ; l'onde ici est relative à une grandeur immatérielle : le champ électromagnétique. Une des plus grandes réalisations du dix-neuvième siècle est de montrer que l'on peut décrire un champ électrique alternant qui se déplace à travers l'espace, et qui explique presque toutes les propriétés observées de la lumière (théorie ondulatoire de Maxwell).

Quand la lumière ajoutée à la lumière donne l'obscurité

Qu'est-ce qui se passe quand deux vagues de lumière se rencontrent ? La réponse est : les champs électriques s'ajoutent algébriquement et vectoriellement.

Admettons que vous souhaitez immédiatement vérifier les résultats. Vous éclairez alors le mur grâce à deux lampes de poche. On constate alors, que la lumière ajoutée à la lumière donne une tache sur le mur beaucoup plus intense, mais à aucun moment, vous ne voyez des franges ou de l'obscurité. Cela est attendu et montre que le phénomène étudié est plus complexe qu'il n'y paraît. En effet, l'éclairage utilisé est dit "incohérent" : nous avons en fait un mélange chaotique de vibrations différentes avec des longueurs d'onde différentes, on ne voit qu'un grand barbouillage sur le mur. Mais supposez que nous ayons deux lampes électriques spéciales qui émettent deux ondes identiques à tous points de vue : longueur d'onde, longueur du train d'onde ; on observe sur le mur les franges qui montrent que les faisceaux provenant de chacune des lampes, réagit avec l'autre. L'interaction en question n'a lieu que si les deux faisceaux sont identiques. Cela explique pourquoi il est plus facile pour observer le phénomène de disposer d'un système dédoublant formant les deux cônes (on parle de sources secondaires). Lorsque les

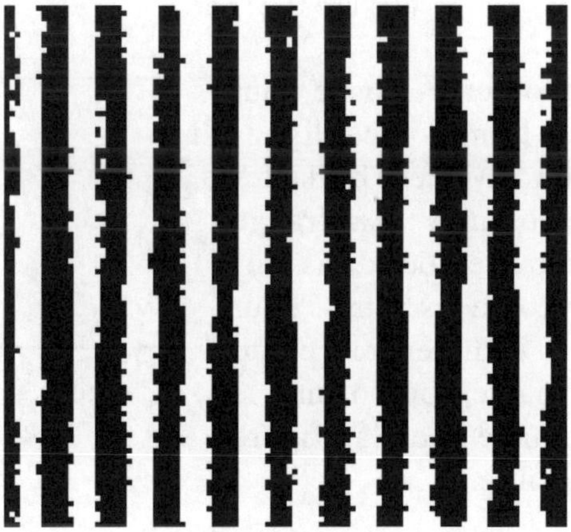

Franges rectilignes d'interférence.

deux ondes sont constructives, on observe des franges lumineuses (des maxima de lumière) sinon, on parle d'interférences destructives (c'est l'obscurité que l'on voit sur l'écran ou le mur).

L'expérience avec une seule fente

Réalisons la même expérience avec une fente unique. Que se passe-t-il alors ? Prenons une source de lumière qui émet seulement une longueur d'onde : on parle de source monochromatique. Entre la source et le mur, nous mettons un morceau de carton opaque : la lumière ne peut pas passer à travers. Pratiquons une fente verticale dans le carton, un peu de lumière peut passer : c'est le phénomène dit de diffraction. Que voit-on sur le mur ?

Franges rectilignes de diffraction, obtenues à partir d'une fente fine.

On observe sur le mur des franges rectilignes alternativement brillantes et obscures. La frange centrale est deux fois plus large que les autres. Pour bien comprendre ce qui se passe, proposons le montage de la figure ci-contre.

Une source ponctuelle est placée au foyer objet de la lentille convergente L_1, et un écran reçoit l'image de la source dans le plan focal image de la lentille L_2. Si nous plaçons en F_2 un objet opaque de petite dimension, l'écran ne reçoit pas la lumière ; si en plus, nous intercalons une plume ou tout objet de faible épaisseur entre L_1 et L_2, nous observons sur l'écran une sorte d'image de la plume sur un fond noir. En effet, la plume diffracte la lumière, c'est-à-dire que toute la lumière issue de la lentille L_2 n'est pas concentrée en F_2, où le cache a été introduit ; après traversée de la plume, la lumière part dans toutes les directions et une petite partie contourne la tache : c'est le phénomène de strioscopie.

En utilisant les outils d'aujourd'hui, on peut réussir cette expérience encore plus simplement en envoyant un faisceau laser sur une fente fine de largeur réglable. Nous constatons un élargissement du faisceau (étalement) et l'apparition de points épars sur l'écran situé à quelques mètres. Cela montre que la lumière va au-delà de l'ombre portée de la fente. Par ailleurs, nous constatons que ceci n'a lieu que si les dimensions de la fente sont du même

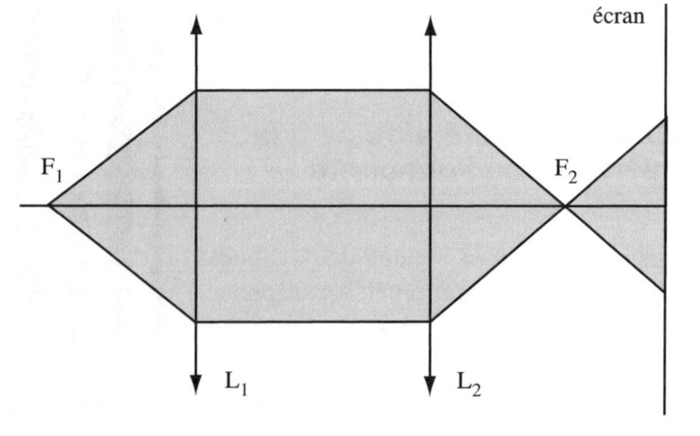

Montage pour observer la strioscopie.

ordre de grandeur que la longueur d'onde de la radiation.

Il est surprenant que l'expérience avec deux fentes qui interfèrent ne donne pas une sorte de résultat double, mais vraiment un tout autre phénomène. Ainsi certains endroits du mur sont devenus plus sombres seulement parce qu'il y a une seconde fente. Occultons la deuxième fente et soudain ces taches deviennent encore plus claires. Donc pour toute tache donnée sur le mur, il y a deux faisceaux de lumière qui frappent ce point.

On peut comprendre cela assez facilement, en disant que les deux vagues ont commencé leur voyage au même moment, mais ont des parcours différents, elles sont donc dans un état différent de leur cycle. Si les deux sont en phase alors nous obtenons un maximum et une frange brillante, sinon, c'est l'obscurité qui apparaît sur l'écran.

De la lumière à la mitraillette

Remplaçons les faisceaux lumineux (le photon est un corpuscule sans masse) par un faisceau de balles qu'une mitraillette envoie sur une cible en forme de fente ou de double fente. Commençons par l'expérience de la simple fente.

On observe sur le mur criblé de balles toutes rassemblées en un point (ou presque) puisque la trajectoire de chaque balle est rectiligne. Une observation attentive montre une partie centrale fortement criblée de balles, bordée par des zones d'impacts moins nombreux.

Ajoutons une deuxième fente et continuons à mitrailler l'ensemble. Contrairement à la lumière, on n'observe pas l'alternance de franges brillantes et obscures. Manifestement, le comportement des balles n'est pas le même que celui des photons : il est difficile d'attribuer aux balles un comportement ondulatoire. En effet, les balles fonctionnent de façon discrète, entière : on passe de deux balles à trois balles en marches d'escalier. Par contre, les ondes n'arrivent pas par petits morceaux ; il est difficile de leur associer une “quantification”. Si les ondes s'ajoutent algébriquement (négativement ou positivement), les balles quant à elles, ne peuvent que s'ajoutent arithmétiquement.

La nouvelle conception de la lumière

Cela fait une centaine d'années que le modèle corpusculaire possède des bases plus solides. Le fait que les atomes ne puissent émettre ou absorber que certaines radiations et pas d'autres, montre que les échanges d'énergie se font pas paquets ou quanta. Einstein en 1905 postule que la lumière transporte des grains d'énergie appelés photons ; ceux-ci se déplacent dans le vide à la célérité c de 300.000 km.s^{-1}, et tout échange d'énergie entre une onde lumineuse et la matière se fait par l'intermédiaire d'un photon.

La physique moderne attribue à l'atome un certain nombre d'états énergétiques possibles, parfaitement déterminés et discontinus. La répartition des électrons est telle que ceux-ci occupent les états d'énergie les plus bas. Ainsi lorsque partant d'un état stable à faible énergie, l'atome absorbe un photon, il quitte son état fondamental pour être dans un état dit excité. La désexcitation aura lieu après, par émission d'un photon identique à celui absorbé. Emission et absorption sont strictement régies par la nature même de l'élément, ce qui nous permet grâce à ces phénomènes de les identifier.

Hélas, la nature est moins simple, la lumière est à la fois corpuscule et onde, et cette double identité ne lui est pas réservée. De Broglie en 1923 propose de généraliser cette association aux corpuscules matériels. Il n'est pas dit que ce soit plus clair pour nous aujourd'hui. Juste avant sa mort, Einstein écrit :

"Je suis comme l'oiseau du désert, l'autruche, je cache ma tête sous le sable de la relativité pour ne pas voir les vilains quanta."

Albert Einstein

Albert Einstein (1879-1955) a obtenu le prix Nobel en 1921 non pas pour ses travaux sur la relativité mais pour son interprétation de l'effet photoélectrique.

Remplacer la conjonction "ou" par la conjonction "et", c'est-à-dire parler de la dualité onde-corpuscule, suffit-il pour régler tous les problèmes ? Nous avons toujours autant de mal à imaginer ces corpuscules non matériels que sont les photons se propager en ondes. Que l'on se rassure, il n'y a rien à comprendre. La physique ne démissionne pas de sa mission essentielle de formalisation de la réalité, mais la physique qui gouverne ces lois est celle de l'infiniment petit, auquel notre sens n'a pas accès. Aucune conception anthropomorphe ne lèvera le voile ; les photons mêmes individuels produisent des phénomènes ondulatoires.

Néanmoins, nous allons approcher l'essence des concepts. Nous pouvons utiliser l'expérience de la fente double elle-même pour prouver que la lumière est faite de particules, et en même temps, montrer les contradictions sérieuses que nous affrontons quand nous essayons de décrire la lumière comme une onde et une particule en même temps.

L'expérience de la fente double revisitée

Regardons les résultats de l'expérience. Ce que nous allons faire, dans cette partie, est l'expérience de la double fente légèrement modifiée. Utilisons une source de lumière même très faible ; et remplaçons le mur par une plaque photographique dirigée par un ordinateur ; l'ordinateur peut nous dire exactement où et quand l'impact a lieu. Le suivi de chaque parcours de photon, le moment de l'impact, le parcours de la lumière : tout devient accessible. Dans une théorie de l'onde pure de lumière, ce résultat est impossible. Mais avec notre nouvelle approche de la particule nous nous tirons fort bien. Donc, l'expérience de la double fente prouve le caractère particulaire de la lumière. Mais, les conséquences peuvent être très dérangeantes quand on regarde cela avec plus de soin.

Reprenons l'expérience de la seule fente. Nous tirons un photon, il traverse la fente, et il frappe le mur. Il laisse seulement une petite tache. Le prochain photon frappe quelque part ailleurs et laisse une autre tache. Après que beaucoup de photons aient frappé le mur, un motif commence à émerger, et c'est le modèle de la seule fente. Il y a une frange blanche, claire derrière la fente où beaucoup de chocs ont lieu. Au fur et à mesure que l'on s'éloigne les alternances apparaissent. Le phénomène intéressant a lieu lorsque nous l'essayons avec deux fentes, que cela ait lieu avec les photons ou avec les balles de la mitraillette.

Là où cela semble fort délicat est l'explication de l'origine des franges obscures à partir du modèle corpusculaire. L'explication originale est que la lumière provenant d'une fente perturbe celle de l'autre fente ce qui aboutit à l'annulation. Si dans le modèle ondulatoire, on peut imaginer une telle relation, dans le modèle corpusculaire, on a du mal à comprendre, comment un des photons "sait" à l'avance s'il y a ou s'il n'y a pas un autre photon qui est susceptible de réagir avec lui.

Au lieu de résoudre ce dilemme avec une théorie, essayons de le résoudre avec une expérience. Nous avons mis un appareil de mesure sur chaque fente qui enregistrera le passage du photon. Ainsi, quand un photon frappe le mur, nous saurons par quelle fente il est passé. Nous sommes obligés alors de dire que quand nous ne savons pas par quelle fente passent les photons, nous obtenons un modèle ondulatoire.

La longue marche vers une théorie

Ainsi cette expérience d'émission d'un seul photon à la fois donne le même résultat qu'avec un faisceau de lumière constitué d'une infinité de photons. On peut alors admettre un principe dit de correspondance qui stipule l'identité de la figure sur l'écran que nous ayons un seul photon, ou bien une infinité de ces mêmes corpuscules. Plus précisément, ce principe considère que la physique classique (non quantique) est valable et donne les bonnes indications dans la mesure où son domaine d'étude est macroscopique.

Une autre considération importante concerne les impacts de la mitraillette. En effet, la figure sur l'écran pour les photons donne des franges, mais uniquement un impact pour les corpuscules mécaniques. Par ailleurs, la mécanique quantique assez puissante pour nous indiquer l'emplacement du photon heurtant l'écran, est inopérante pour indiquer la fente par laquelle il est passé. Cela nous amène tout naturellement à nous poser les questions en termes de hasard.

Regardons pour cela le lancé de dés. On ne peut prévoir avec certitude le nombre que nous obtenons, puisqu'il y a 6 chances possibles. Néanmoins, si le lancé a lieu des millions de fois, on peut estimer, et l'expérience le confirme, que nous avons 1/6 de chance de trouver une face donnée du dé. Ainsi, on peut avoir une information globale et statistique et non une information individuelle. Malheureusement, ce modèle fort parlant, ne s'applique pas exactement aux expériences des photons et des balles. En effet, le lancé du dé semble régi par le hasard, mais il n'en est rien : il est parfaitement déterministe. La connaissance de l'angle du tir ainsi que la vitesse initiale et de tous les éléments physiques possibles permettrait de connaître la face du dé. Il s'agit donc d'un phénomène chaotique au sens physique du terme. Cela veut dire un phénomène qui semble aléatoire, peu déterministe, alors que la connaissance de toutes les conditions initiales permet de donner la bonne prévision : on parle alors de "sensibilité aux conditions initiales". Par contre, pour le photon, quelle que soit l'étendue de nos connaissances, il n'en sera rien.

Niels Bohr

Niels Bohr (1885-1962) a obtenu le prix Nobel en 1922. Il a élaboré une théorie de la structure de l'atome intégrant le modèle planétaire de Rutherford et le quantum d'action de Planck.

Reprenons l'expérience de la double fente. On y a vu que le fait d'ouvrir la deuxième fente empêche les photons de traverser la première. Il est difficile de nier la conclusion, que même lorsqu'un photon traverse une fente, quelque chose traverse aussi la deuxième fente pour qu'il puisse y avoir interférence, même s'il n'y a qu'un seul photon. Peut-on alors appeler ce quelque chose "onde" ? Autre observation : lorsqu'on s'est rendu compte que le photon interfère sur lui-même, on a essayé de savoir quelle fente il empruntait. A ce moment là, les interférences cessait. Cela montre, que la mesure ou le fait qu'il y ait une mesure ou un observateur est un élément très important. Ainsi contrairement à la physique newtonienne où les choses ont lieu avec ou sans la mesure, en mécanique quantique, la mesure perturbe grandement le phénomène, puisque mesurer c'est "voir", "éclairer", "donner de l'énergie" ; il est alors logique, que les choses se déroulent différemment.

Interprétation de Copenhague

Puisqu'aucune expérience ne peut apporter des éléments de choix, il faut se rabattre sur la théorie. La première formulation est de Niels Bohr. Il considère qu'il existe une fonction dite, "fonction d'onde" que l'on représente généralement par la lettre ψ. Lorsque la mitraillette à photons (une lampe) envoie des éclairs, elle émet non des corpuscules, mais des fonctions d'onde. Le hasard n'a rien à faire dans cette émission, les photons se propagent en respectant les lois de l'optique ondulatoire et interfèrent entre eux. Cette fonction y est alors, une sorte de probabilité de présence pour le corpuscule. Poser la question en terme de "recherche de position" devient à la fois inutile et vain ; on peut définir uniquement une probabilité de présence. Tant que l'observateur n'a pas cherché à voir le photon, il a une probabilité de présence qui permet de définir la plus ou moins grande chance de le trouver en un endroit donné. Dans les zones d'interférences constructives, la probabilité de présence des photons est donc grande. Mais de toute façon, dès que la mesure a lieu, cela détruit la fonction d'onde, car alors on accède à la connaissance de façon indiscutable : le photon est ou n'est pas dans l'emplacement, où le détecteur est introduit.

Reprenons l'expérience de la double fente. On envoie un seul photon, nous avons alors une fonction d'onde ψ. Celle-ci traverse donc les deux fentes et donne naissance au motif d'interférence. La mesure de l'intensité lumineuse sur l'écran, fait disparaître la fonction d'onde. Néanmoins, le photon doit "choisir" son lieu d'impact. Bien entendu, un grand nombre d'entre eux ira dans les zones à forte probabilité, et peu d'entre eux iront dans les autres zones ; ceci explique l'apparition de la figure d'interférence.

Au delà de la lumière

Peut-on extrapoler ces lois à notre monde macroscopique, c'est-à-dire peut-on associer aux balles de la mitraillette, au son, à nous et aux autres systèmes une fonction d'onde ?

Reprenons l'expérience des deux fentes d'Young et bombardons les fentes, d'électrons. Le tir peut s'effectuer électron par électron ou faisceau comportant une infinité de particules. Depuis 1923, Louis de Broglie propose d'associer à toute particule une fonction d'onde, même si cette particule possède une masse comme le neutron ou l'électron ; l'expérience devrait montrer l'aspect ondulatoire. L'expérience réalisée, donne effectivement une figure d'interférence. Par contre, on constate que plus la masse de la

Louis de Broglie

Louis de Broglie (1892-1987) a obtenu le prix Nobel en 1929 pour sa découverte de la nature ondulatoire des électrons.

particule est importante et plus les franges sont resserrées. Cela veut dire qu'à la limite, pour des particules vraiment massives, les franges sont tellement resserrées que nous ne les discernons pas. Voilà pourquoi, les franges pour les balles de mitraillettes sont difficiles à obtenir. Ainsi, un objet dont la taille excède celle d'un atome donne des résultats classiques et non quantiques : on peut difficilement lui appliquer les lois de la mécanique quantique.

Signalons que l'expérience des fentes doubles n'est pas celle utilisée pour faire interférer les électrons car l'effet est à peine détectable ; on utilise d'autres montages plus adaptés à la taille de ces corpuscules.

Erwin Schrödinger

Erwin Schrödinger (1887-1961) a obtenu le prix Nobel en 1933. Il a donné une formalisation nouvelle de la physique quantique, introduisant en particulier l'équation fondamentale qui porte son nom à la base de tous les calculs de la spectroscopie.

Les questions soulevées

Cette théorie qui semble donner réponse à tout, pose beaucoup de questions. Que représente effectivement la fonction d'onde ψ ? Que veut-on dire par “que la fonction d'onde traverse l'espace ou traverse les deux fentes puis disparaît, un peu comme dissoute, dès lors que l'on veut la mettre en évidence ?” Pourquoi une mesure perturbe le photon, alors que lorsqu'il passe au voisinage des bords de la fente, il ne semble pas perturbé, a moins que cette perturbation ne soit rien d'autre que le phénomène de diffraction ? Lorsqu'on introduit un instrument de mesure ou un détecteur, comment la fonction d'onde “sait-elle” qu'elle doit disparaître ? Bien sûr la communauté scientifique s'est penchée sur ces questions, bien entendu elle a apporté quelques réponses, mais hélas, tous les éléments fournis sont très loin d'approcher notre bon sens.

Erwin Schrödinger un des inventeurs et fondateur de la mécanique quantique, s'est attelé à la tâche ; il imagine l'expérience suivante. Soit une particule microscopique obéissant aux lois de la mécanique quantique, et admettons que sa durée de vie soit limitée : elle se trouve dans une boîte fermée et a 50 % de chance de se désintégrer au bout d'une heure. Comment savoir au bout de l'heure si la particule s'y trouve encore ? La mécanique quantique dit que la particule est dans un état indéterminé et que la particule elle-même ne décide de son état final qu'à partir du moment où on cherche à lever l'indétermination. Introduisons dans la même boîte un chat qu'un dispositif ad hoc tuera si la particule disparaît. Dans quel état sera le chat ? On ne peut pas dire que le chat est à demi mort ou est à demi vivant. La mécanique quantique dit que l'approche intuitive qui repose sur le chat est fausse. Le chat n'est ni vivant ni mort car cela n'a aucun sens dans le modèle quantique.

Conclusion

Il est complètement illusoire de croire que notre intuition peut nous aider dans ce domaine ; d'ailleurs en relativité, nous retrouvons le même type de difficulté. Si dans la mécanique newtonienne, l'approche peut s'appuyer sur l'expérience et l'intuition, dans ces deux nouvelles branches de la physique, en particulier celle de l'infiniment petit ; il semble sûr que la sagesse veut que l'on applique les modèles, fasse les calculs, interprète les résultats finaux sans essayer de vouloir à tous prix comprendre : contentons-nous de prendre.

Chérif Zananiri

Bibliographie

[1] E. Schrödinger, *Ma conception du monde*, Mercure de France 1982.

[2] E. Segré, l*es physiciens modernes et leurs découvertes, des rayons X aux quarks*, Fayard-Paris, 1984

[3] F. Balibar, *Einstein 1905, de l'éther aux quanta*, PUF Paris 1992

[4] Ivars Peterson, l*e chaos dans le système solaire*, Diffusion Belin, Pour la Science

[5] Jean-Pierre Maury, *Petite Histoire de la Physique*, Référence Larousse

[6] Louis de Broglie, *la physique nouvelle et les quanta*, Flammarion

[7] Michel Bitbol, *Erwin Schrödinger, un philosophe chez les physiciens*, La Recherche N226, novembre 1990.

[8] Pierre Radvani, *histoires d'atomes*, Belin

Le Neutrino

Le neutrino, une particule fantôme ?

Postulé par le calcul pour sauver le principe de la conservation d'énergie avant d'être découvert par l'expérience puis devenir objet d'analyse, le neutrino reste encore une énigme à bien des égards.

Les lois de conservation montrent que pour certaines désintégrations radioactives, les noyaux émettent des particules neutres électriquement et de masse faible voire nulle. Si ces particules ont une masse, cela peut expliquer le paradoxe que les cosmologistes appellent la “masse manquante de l'Univers”.

Radioactivité bêta

Après avoir découvert puis compris progressivement ce que sont les protons, les électrons, le rayonnement alpha puis gamma, les physiciens des années 1920, se sont préoccupés d'un type de désintégration (radioactivité) assez particulier appelée β.

La désintégration α consiste en l'émission d'une particule massive identique au noyau d'hélium (deux protons et deux neutrons). L'addition des masses de la particule α et de l'élément fils est légèrement inférieure à celle du père dont ils sont issus. Ceci signifie qu'une petite quantité de masse est passée sous forme d'énergie en respectant la relation $E = mc^2$.

Pour l'émission β le processus est plus complexe car l'énergie des particules émises varie et on obtient un spectre, c'est-à-dire un ensemble de valeurs permises. La particule n'entraîne pas la même énergie et, en général, il y a un fort déficit énergétique. De quoi laisser les physiciens perplexes !

La conservation de l'énergie a pris le statut de dogme en physique. C'est pourquoi Pauli postule en 1930 qu'une autre particule est émise en même temps que la particule β. Comme cette particule est neutre, il la baptise “neutron”. Ce nom désigne aujourd'hui une découverte de Chadwick en 1932. Le nom de neutrino vient de Fermi. Il estimait qu'il s'agissait d'un “petit neutron”.

Au moins au début, les physiciens considèraient cette entité comme un corpuscule fantomatique (pas de masse, vitesse de la lumière, indécelable). L'ennui était majeur. Pour le contourner, il faut parler de probabilité d'interaction car celle-ci n'est pas rigoureusement nulle. Elle est juste hautement improbable, rarissime. Ainsi, la capture d'un neutrino par un atome est observable. Si vous disposez d'un faisceau comportant des milliards de milliards de neutrinos, vous pouvez espérer détecter une ou plusieurs interactions. Il a fallu attendre 1956 pour réaliser cette condition suffisante, et qu'un réacteur émette ses premiers positrons. Par la suite, quand positron et électron se rencontrent, ils s'annihilent mutuellement dans une gerbe d'ondes électromagnétiques (rayonnement à 0,5 MeV).

Création de neutrinos

Les désintégrations β^+ et β^- ont été les premières à permettre de définir ce "petit" être. L'émission β^- est une émission naturelle consistant en la transformation, au sein même du noyau d'un neutron n en proton p avec formation supplémentaire d'un électron e qui sera éjecté du noyau et de l'antiparticule associée au neutrino : l'antineutrino. La réaction bilan s'écrit : n $\rightarrow$ p + e + antineutrino, par exemple :

$$^{131}\text{Bi} \rightarrow \text{p} + {}^{130}\text{Po} + \text{e} + \text{antineutrino}$$

La radioactivité artificielle, quant à elle, découverte par le couple Joliot-Curie entre les deux guerres, consiste en l'éjection des positrons (rayonnement appelé β^+) selon la réaction : n $\rightarrow$ p + e + neutrino et des neutrinos sont également émis.

Enfin en 1990, une double et rarissime désintégration β^- semble avoir été détectée. Il s'agit du passage du sélénium au krypton par transition obligatoire au stade brome où tout semble avoir lieu en double : ce sont deux neutrons qui donnent naissance à deux protons, deux électrons et deux antineutrinos.

Il s'avère que si on réalisait une émission β en quelque sorte "mixte" n'émettant ni neutrino ni antineutrino, la détermination de leur masse deviendrait possible. Mais cette hypothèse est fragile, car si le bilan semble possible, il pose de sérieux problèmes théoriques. La réaction se comporte comme deux opérations successives, formant pour la première un élément plus lourd et pour la deuxième un élément plus léger que l'atome pur. Dans les deux cas, les lois de conservation de l'énergie sont violées.

La première observation a eu lieu tout récemment dans une chambre à projection temporelle. Dans l'expérience en question, les enceintes sont remplies d'hélium contenant un échantillon au sélénium 82. La protection de la radioactivité naturelle est assurée par un blindage de plomb. Des

Wolfgang Pauli

Wolfgang Pauli (1900-1958) a obtenu le prix Nobel en 1945 pour ses recherches en physique théorique. Il est surtout connu pour son principe d'exclusion selon lequel plusieur électrons ne peuvent occuper une même cas quantique.

bobines de Helmholtz créent un champ magnétique intense et fort homogène qui a pour mission d'incurver les trajectoires des particules chargées β. Lors de leur traversée, celles-ci ionisent l'hélium ce qui permet d'enregistrer leur trajectoire grâce aux détecteurs à fils.

Défaut de masse

En 1933, on s'est rendu compte, en étudiant la constellation "Chevelure de Bérénice", que les théories cosmologiques acceptées soulèvent des problèmes. En effet, bien que les galaxies de l'amas soient reliées entre elles par leur mutuelle attraction gravitationnelle, la masse totale observée est insuffisante pour maintenir dans son état de stabilité l'intégralité de l'amas. Aussitôt, les astronomes s'emparèrent de cette anomalie et la baptisèrent "masse manquante de l'Univers". Bien entendu, aucune masse ne peut disparaître, le problème est uniquement dû à son évaluation. Regardons comment on s'y prend pour déterminer pareilles masses.

L'effet Doppler

C'est en 1842 que l'autrichien Christian Doppler a donné l'explication de la différence de hauteur des sons que nous entendons lorsqu'une source émettrice est en mouvement. Plus précisément, lorsqu'une source d'ondes (son ou ondes électromagnétiques, bien que le processus soit différent) a un mouvement relatif pour l'observateur, il y a un déplacement apparent de la fréquence. Si la distance entre la source et l'observateur augmente la longueur d'onde apparente augmente, dans le cas contraire elle décroît.

Il ne s'agit pas d'une réelle pesée, mais d'une mise à profit des lois connues. Par exemple, la masse du Soleil est déterminée par l'étude du mouvement des planètes dans sa zone d'influence. Pour les galaxies, bien que plus complexe, la situation est la même, puisque les étoiles tournent autour du noyau galactique. La mesure de la vitesse d'une étoile, ainsi que sa distance au centre de la galaxie permet d'accéder à la masse galactique. Enfin, la vitesse à laquelle se déplacent les étoiles, est obtenue grâce à l'effet Doppler et au décalage vers le rouge. Pour le Soleil, la vitesse est voisine de 500 km.s^{-1}.

Masse de la galaxie

Reprenons ces points en détail. Nous avons tous en tête l'allure d'une galaxie rappelant une sorte de galette lorsqu'on la voit par la tranche. Intéressons-nous à la détermination de sa masse. Pour le soleil, le problème est facile à résoudre. Il suffit d'établir la distance moyenne a d'une de ses planètes, le temps T ou période que prend cette dernière pour effectuer une révolution et d'appliquer la troisième loi de Kepler qui lie le cube de a avec le carré de T. Cette loi s'exprime par :

$$M = K \frac{a^3}{T^2}$$

où M est la masse du soleil et K une constante connue. Ainsi quand on veut comparer le mouvement de deux planètes du système solaire, la période croît avec l'éloignement, ce qui semble assez logique. De ce fait, la détermination de la masse du soleil devient triviale.

Pour les galaxies le problème est franchement complexe, car le corps est étendu et il faut avoir recours à des méthodes spectroscopiques et à l'effet Doppler. La première difficulté est que le mouvement n'est pas de type képlérien. Ainsi, on constate que les vitesses à partir du centre de la galaxie diminuent, puis augmentent proportionnellement à la distance. Ensuite, après un maximum de 250 $km.s^{-1}$ vers 30 000 années-lumière, elles commencent à chuter comme si le mouvement était képlérien. Admettons qu'à partir de là, nous puissions utiliser la formule ci-dessus, nous trouvons alors que la masse de la galaxie dans un rayon de 30 000 années-lumière approche 140 milliards de masses solaires.

Regardons plus en détail la façon dont on s'y prend pour "peser" un amas de galaxies. La méthode est indirecte, surtout s'il s'agit d'une masse diffuse comme celle des nuages obscurs au sein ou entre les galaxies. Dans le cadre relativiste, toute masse est responsable d'une courbure de l'espace-temps modifiant la trajectoire de la lumière traversant ces champs gravitationnels fort intenses. D'ores et déjà, nous pressentons que cette courbure locale de l'espace par le mirage qu'elle crée, a pour effet de déplacer la position apparente, la forme et l'éclat de l'astre. Les dernières observations du télescope Hubble ont fourni d'excellents clichés de dédoublements d'images (mirage). La connaissance de la déviation et l'utilisation des équations de la relativité générale, donnent non seulement la masse, mais également la répartition de masse des divers amas.

Par la suite, on identifia en direction opposée du centre galactique, des groupes d'étoiles dont la vitesse augmente jusqu'à 300 $km.s^{-1}$. D'où l'hypothèse d'une autre masse invisible mais, néanmoins responsable de l'accroissement des vitesses.

La croix d'Einstein

Cette image prise par le télescope Hubble a été baptisée "Croix d'Einstein". Pourquoi ? Parce qu'il s'agit d'un mirage illustrant la théorie d'Einstein. En effet, seuls sont réels le noyau de la galaxie (au centre) et une étoile très lointaine dont l'image est quadruplée. La galaxie (entre l'étoile et Hubble) courbe la lumière passant à sa proximité. Ainsi, elle fonctionne comme une "lentille gravitationnelle" et peut renverser, déformer, multiplier, agrandir ou rapetisser l'image d'un astre transportée par la lumière.

Les WIMPs

Les WIMPs ont été inventées pour résoudre le problème des neutrinos. On postule l'existence de ces particules en orbite à l'intérieur du Soleil. On pense que grâce à leur mouvement, elles créent un courant de convection de chaleur à l'intérieur du Soleil et refroidissent le centre, ce qui diminue corrélativement la production de neutrinos.

Soit le modèle simple suivant : les WIMPs ont une masse supérieure à celle du proton que l'on prend égale à 1 GeV. On suppose qu'ils sont confinés dans une région centrale du Soleil, dont la distance au centre n'excède pas r_x, et on suppose que $r_x << R_0$ où R_0 est le rayon du Soleil ou de l'étoile. La relation d'équilibre thermique nous permet d'écrire :

$$\frac{3}{2} kT_c = m_x \, V(r_x)$$

où $V(r_x)$ est le potentiel à l'intérieur de l'astre et T_c la température de son centre. $V(r)$ est obtenu par la formule :

$$V(r) = \int Gm \frac{dr}{r^2} = \frac{2\pi}{3} \rho \, G r^2$$

Ceci permet d'accéder à r_x :

$$r_x = 0{,}13 \, R_0 \sqrt{\frac{m_p}{m_x}}$$

où m_p est la masse du proton. L'étude du lien entre la luminosité et le nombre de neutrinos émis, implique que $r_x < 7.10^7$ m, d'où $m_x > 2\, m_p$. Comme on veut que r_x soit suffisamment grand pour englober la zone dans laquelle la plupart des neutrinos sont créés, il faut en plus que : $r_x > 3.10^7$ m, d'où $m_x > 9\, m_p$. Des deux conditions, nous voyons que la masse de ces particules est de l'ordre de quelques masses atomiques. Des études plus poussées, montrent que : 4 GeV $< m_x <$ 30 GeV. Ce modèle conduit donc à l'apparition d'un noyau isotherme au centre de l'étoile ; l'existence de celui-ci permet de postuler que la température centrale a une valeur sensiblement inférieure à celle des modèles habituels. Un gain d'un facteur 3 sur le flux de neutrinos est alors envisageable.

Hypothèses d'école

Des procédés fort élaborés, ont été mis au point pour déterminer la masse des systèmes stellaires isolés. Ceux-ci ont montré une discordance inattendue, entre la masse déduite de la densité de la matière visible et celle obtenue selon d'autres méthodes, cette dernière étant de loin supérieure.

La première hypothèse repose sur le concept de cadavres d'étoiles. Les étoiles ayant commencé leur évolution au début du big-bang sont actuellement au stade naines blanches, étoiles à neutrons ou trous noirs. Elles sont aujourd'hui éteintes et donc invisibles, ce qui ne veut pas dire que leur masse soit nulle. La deuxième hypothèse dit que des étoiles fossiles, de très faible luminosité sont réparties dans une sphère de 250 000 années-lumière de rayon et constituent ce que l'on appelle la Grande Galaxie. Il s'agit donc dans ces deux cas de matière obscure. La troisième hypothèse attribue aux neutrinos et autres WIMPs (Weakly Interacting Massive Particles) la masse manquante (voir l'encadré "les WIMPs"). Pourtant, il a fallu attendre les années 1970 pour que nous puissions entrevoir grâce à la radioastronomie X une réponse différente. On a découvert qu'il y avait une masse très importante à l'extérieur de la partie visible des galaxies : les halos sombres qui les entourent ; les américains parlent de "MACHO" c'est-à-dire Massive Compact Halo Objects. Il s'agit d'objets célestes dont la masse représente près de 8% la masse solaire. La faible masse de ces étoiles obscures leur interdit d'avoir une pression interne suffisante pour démarrer les réactions nucléaires. Néanmoins, ces petits objets ont des masses de l'ordre de 27 000 fois la masse de la Terre, donc suffisamment importantes pour créer un champ gravitationnel perturbateur. Une concentration élevée de MACHO est même susceptible d'agir sur la lumière et de courber les trajectoires lumineuses. Elles jouent aussi le rôle de lentille gravitationnelle (voir la figure), focalisant la lumière lorsqu'elles sont exactement situées entre d'autres étoiles et la Terre. Enfin, ces halos obscurs ne sont pas seulement formés d'hydrogène, mais peut-être également d'autres corps encore à découvrir.

Les premières hypothèses reposent sur le fait que la proportion des éléments lourds, les baryons, ne peut excéder 10% d'une certaine valeur critique, à défaut de quoi, il y aurait davantage d'hélium. Il a donc fallu penser à un constituant non baryonique : le neutrino. On pense que ceux-ci sont au nombre de 10 milliards pour chaque atome de matière ordinaire et qu'on en trouve 450 par centimètre cube d'espace. Cela suffit-il à retrouver la masse manquante ? S'il y en a une, alors il s'agit du principal composant de l'Univers et tout ce que nous voyons : étoiles, galaxies, etc. ne sont que des grains de matière dans un océan de neutrinos.

L'ennui majeur est que le neutrino réagit peu avec la matière. Alors que j'écris ces lignes, des milliards de ces particules nous traversent de toute part. On comprend que leur détection pose problème.

Les catastrophes stellaires

En 1980 le Hongrois Szalay avance une hypothèse intéressante et hardie. Si nous admettons que les neutrinos ont une masse, alors ils devraient interagir gravitationnellement, et se regrouper. Au fur et à mesure qu'ils congloméreraient, les forces augmenteraient, tant et si bien que cela pourrait être à l'origine de la contraction des nuages de gaz responsables de la formation des étoiles.

Si ce scénario est le bon, alors les désintégrations radioactives ne seraient pas le principal créateur de ces particules. L'étude a pu être menée à bien, il y a une poignée d'années à la suite d'observations

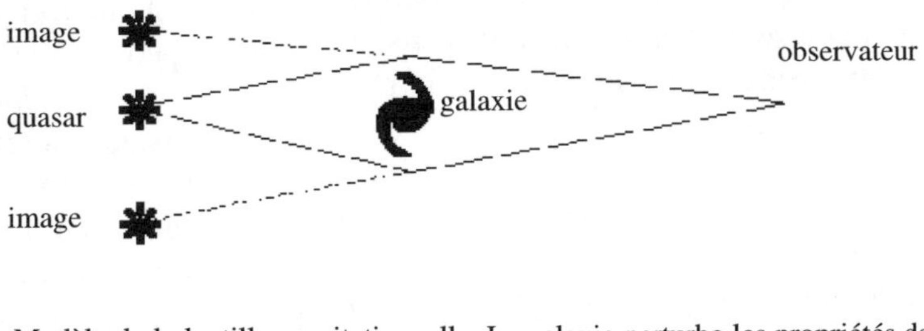

Modèle de la lentille gravitationnelle. La galaxie perturbe les propriétés de l'espace et joue alors pour la lumière le rôle d'une lentille. L'observateur verra un dédoublement du quasar

L'expérience GALLEX

L'expérience GALLEX a été conçue pour mesurer le flux des neutrinos en provenance du Soleil. Le détecteur, installé dans le tunnel du Gran Sasso en Italie, à l'abri de tout autre rayonnement, est constitué de trente tonnes de gallium. Les quelques atomes de germanium 71, créés par l'interaction des neutrinos avec le gallium 71, sont séparés puis détectés. Les résultats obtenus conduisent à un flux de neutrinos d'un tiers trop faible par rapport à ce que prévoient les modèles solaires. Que faut-il incriminer : ces modèles ou le détecteur ?

Pour vérifier l'efficacité du détecteur, une intense source artificielle de neutrinos ($6{,}5.10^{16}$ Bq) a été fabriquée. Trente-six kilogrammes de chrome enrichi en isotope 50 à l'Institut Kurchatov à Moscou ont été irradiés dans le réacteur SILOE du CEA/Grenoble. Par capture d'un neutron, le chrome 50 est transformé en chrome 51. Ce dernier, radioactif, de période 27,706 j, émet des neutrinos d'énergie comparable à celle des neutrinos solaires. Cette source a été placée au cœur de l'expérience GALLEX. Le taux de production de germanium 71 par les neutrinos de cette source s'est avéré rigoureusement conforme au résultat attendu, ce qui qualifie le détecteur. C'est donc aux théoriciens de proposer l'explication du déficit de neutrinos solaires, soit par une amélioration des modèles du Soleil, soit par la découverte de nouvelles propriétés des neutrinos.

Extrait des CLEFS C.E.A. N 34 Hiver 96/97

approfondies de la mort cataclysmique d'une supernova dans la Constellation du Grand Nuage de Magellan. Nous pensons que cette catastrophe stellaire suit le processus suivant.

Pendant les dix premières secondes, la supernova libère cent fois plus d'énergie que le Soleil ne le fera dans toute son existence. Le cœur implose et forme une étoile à neutrons de trente kilomètres de diamètre en rayonnant beaucoup d'énergie. Elle envoie en gerbes dans l'espace divers éléments légers tels que l'hydrogène et l'hélium ou lourds tels en particulier le carbone. A cela s'ajoute un déluge de neutrinos. L'explosion de cette supernova baptisée SN 1987 A est, après le soleil, la première source de neutrinos pour nous terriens.

SN 1987 A évolue classiquement suivant le processus effondrement-explosion. A la fin du cycle, quand la température centrale dépasse 500 millions de degrés, un rayonnement gamma très énergétique est émis, alors que se forment des paires de particules-antiparticules, électrons-positrons. Ces particules s'annihilent progressivement en redonnant d'autres rayons gamma et parfois encore des neutrinos. Il est intéressant de constater que les dernières observations du télescope Hubble concernent justement cette supernova (SN 1987 A). La camera à “objets faibles” a transmis divers clichés montrant la supernova entourée d'un surprenant anneau elliptique et brillant de 1,4 année-lumière de diamètre. Il semble avoir une structure de tore, due peut être aux restes de couches externes expulsées par l'étoile géante avant l'explosion.

Nous avons déjà dit que les neutrinos ne réagissent que fort peu avec la matière, ils s'échappent donc facilement du coeur stellaire et évacuent une énergie considérable puisque supérieure à celle du rayonnement électromagnétique. Par ailleurs cette puissance perdue augmente avec l'âge de l'étoile ce qui accélère sa mort.

Onde de choc

Il y a un autre processus étudié actuellement par les astrophysiciens : l'influence de l'onde de choc. Explicitons ce concept. Le choc aérodynamique a lieu lorsque les propriétés de l'air se propagent plus vite que le son. Dans un gaz neutre, les ondes de choc sont dues à des collisions entre particules du gaz. Cela a lieu lors du "bang" supersonique. L'espace interstellaire est le siège d'ondes de choc analogues bien que sa densité soit très faible et que les collisions entre particules soient rarissimes. En effet, sur Terre les ondes de choc non collisionnelles sont impossibles, car il y a partout des particules neutres qui n'ont donc aucune raison de se repousser. En revanche, dans l'espace, les températures et le rayonnement ultraviolet sont responsables de la formation d'une sorte de soupe de particules chargées ou plasma. Les interactions électromagnétiques jouent alors le même rôle que les forces de contact.

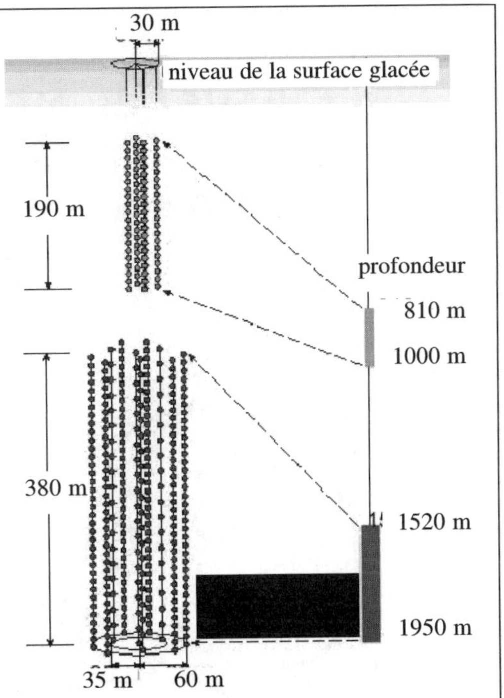

Schéma du projet Amanda (Université de Californie). L'ensemble est immergé dans la glace à grande profondeur. Le système comporte 4 ressorts de 1 km de long avec des photomultiplicateurs disposés tous les 10 mètres environ. A gauche et en bas de l'image, une deuxième série de détecteurs comporte 10 ressorts de 2 km de long. Tout l'ensemble fonctionne dans de bonnes conditions et donne des mesures cohérentes.

Détection des neutrinos

On pense que l'onde de choc est responsable de l'explosion de l'étoile ; elle partirait du cœur, traverserait toutes les couches de l'étoile en les chauffant puis les éjecterait dans l'espace. En effet, la partie externe qui se contracte à près du quart de la vitesse de la lumière, entre en collision brutale avec le cœur et rebondit en créant une terrible onde de choc.

Le détail des mécanismes reste controversé. On pense que l'émission de neutrinos tempère l'échauffement résultant du choc, car elle permet la dissipation d'énergie. Ces neutrinos sont produits comme de coutume par annihilation de paires électron-positron et accompagnent un rayonnement gamma. Comme l'onde de choc provoque l'expansion en chauffant l'étoile, de nouvelles séries de réactions nucléaires ont lieu dans les couches internes. L'onde de choc progresse au cinquantième de la vitesse de la lumière, traverse toute l'étoile et est responsable de sa luminosité à la surface. Près de deux cent mille ans plus tard pour la SN 1987 A les neutrinos atteignent la Terre,

JESUS! IL ME MANQUE DE LA MASSE DANS MON UNIVERS. T'AURAIS PAS QUELQUE CHOSE A ME DIRE ?!!
Legoupi

presque en même temps que les photons. Voilà pourquoi, on construit actuellement de grands détecteurs de ces phénomènes subatomiques. Il s'agit souvent d'immenses piscines remplies d'eau, cernées par des détecteurs, guettant la désintégration d'un des protons de l'hydrogène de l'eau ou la capture d'un neutrino. A ce jour le bilan est modeste.

Ainsi le détecteur de Sudbury Neutrino Observatory SNO (entré en service en 1995) est constitué d'une piscine enterrée à 200 m dans l'Ontario, contenant 1000 tonnes d'eau lourde. Les neutrinos produisent avec le deutérium de l'eau lourde diverses réactions spécifiques. Elles aboutissent à l'émission d'électrons ultra relativistes. Ceux-ci vont plus vite dans l'eau que les ondes électromagnétiques, ils émettent un rayonnement particulier appelé effet Cerenkov. Cet effet lumineux traverse la paroi transparente de la piscine et peut être capté par 20 000 tubes photomultiplicateurs d'environ 50 cm de diamètre. L'analyse renseigne sur les neutrinos émis.

La piscine et le système d'analyses sont suspendus dans de l'eau très pure pour arrêter plus sûrement encore la radioactivité naturelle.

Conclusion

Pour le moment, l'avenir est sombre car les phénomènes attendus sont masqués par d'autres désintégrations plus courantes et un milliard de fois plus abondantes. Si les neutrinos ont une masse, alors l'explication des halos massifs devient possible. Les neutrinos resteraient par interaction gravitationnelle au voisinage immédiat des galaxies. Nous avons ainsi restitué près de 95 % de la masse manquante.

Chérif Zananiri

Enrico Fermi

Enrico Fermi (1901-1954) a obtenu le prix Nobel de physique en 1938 pour ses travaux sur la radioactivité artificielle. Il dirigea la réalisation du premier réacteur nucléaire (1942), une pile atomique mettant en oeuvre la fission contrôlée. Il participa au projet Manhattan.

Bibliographie

[1] "Les neutrinos ont-ils une masse ?", La Recherche N° 120, mars 1981

[2] "La structure interne du Soleil", La Recherche N° 231, avril 1991

[3] "Les neutrinos trop lourds", La Recherche N° 236, octobre 1991

[4] "Les neutrinos solaires", La Recherche N° 246, septembre 1992

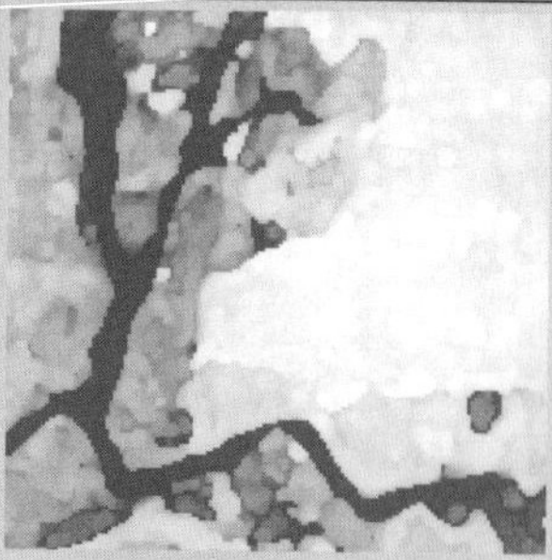

Le principe d'Heisenberg recyclé dans le codage.

Le Codage Quantique

La plupart des méthodes de codage modernes sont fondés sur des propriétés arithmétiques mais la physique quantique pourrait bien révolutionner ce domaine.

La mécanique quantique n'est pas seulement une science du monde abstrait des photons et de l'infiniment petit. Progressivement, on lui trouve des applications, souvent à la limite des préoccupations de l'homme de la rue, mais tout de même importantes et intéressantes. Nous présentons dans ces lignes le codage quantique qui semble intéresser plus particulièrement les militaires. Ceux-ci y voient l'occasion de réaliser un vieux rêve : disposer d'un code secret véritablement "incassable".

Werner Heisenberg

Werner Heisenberg (1901-1976) a obtenu le prix Nobel de physique en 1932 pour la découverte du principe d'incertitude qui porte son nom.

Mécanique quantique et mesure

Imaginons que nous souhaitions voir un électron ; il est alors nécessaire de l'éclairer, c'est-à-dire de le bombarder de photons. La précision de la mesure est déterminée par la longueur d'onde de la lumière employée à l'éclairer, c'est-à-dire sa couleur. Donc à partir du moment où l'on veut effectuer une mesure, on apporte une énergie qui perturbe la mesure et rend nos résultats incorrects. Il ne faut pas croire pour autant que l'on ne puisse jamais faire de mesures précises, mais il faut dire qu'il ne nous est pas possible de mesurer avec une précision infinie la position et la vitesse d'une particule. Mais nous pouvons mesurer successivement avec une très grande précision ces mêmes grandeurs. De même, nous pouvons montrer des relations analogues avec l'énergie et le temps. Bien entendu, ceci est difficile à concevoir, mais permet de comprendre l'existence de certaines particules un peu monstrueuses, mais de très faible durée de vie ; voilà pourquoi on les appelle particules virtuelles. Tout cela est régi par les relations d'indétermination de Heisenberg.

Mécanique quantique et information

La téléportation quantique apparaît de prime abord comme un jeu de laboratoire, d'une grande portée théorique certes, mais dont l'utilité n'a rien d'évident. Les militaires, pourtant, se sont rués sur cette découverte car elle permet de réaliser la transmission d'un message d'une manière totalement indétectable.

La physique quantique pourrait bien révolutionner la cryptographie dans les prochaines décennies. Un principe fondamental de la physique quantique, le principe d'incertitude d'Heisenberg, sert encore une fois d'élément de base : serait-il impossible à Rasta-Boy d'intercepter un message entre Camille et Charles sans en altérer le contenu ? Rasta-Boy se trouverait alors dans l'impossibilité d'écouter une communication sans être détecté, chose qui est toujours supposée possible en cryptographie classique. Pratiquement, Camille et Charles communiquent via un canal faisant transiter des photons polarisés à la place des bits classiques. La polarisation des photons porte l'information 0 ou 1 que portent habituellement les bits. La physique quantique nous dit qu'il est impossible de faire une mesure de la polarisation de ces photons sans changer celle-ci. Par exemple, si Camille et Charles se sont échangés une clef secrète au cours d'une transmission quantique qui n'a pas été perturbée, ils sont sûrs que personne d'autre qu'eux n'est en possession de la clef. On peut se demander comment Camille ou Charles peut savoir si la clef échangée à été ou non altérée. Voyons un protocole qu'ils peuvent suivre.

Principe de la transmission

Camille envoit une suite de photons aléatoirement polarisés à Charles. Charles effectue une mesure sur chaque photon qu'il reçoit. Suivant la façon dont Charles mesure la polarisation du photon, celle-ci peut être ou ne pas être adéquate. Charles transmet alors à Camille par un canal non sûr la façon dont il a effectué les mesures (mais pas les résultats des mesures). Camille lui dit alors (toujours via le canal non sûr) pour quels photons il a fait des mesures adéquates. Camille et Charles connaissent alors tous les deux la polarisation de ces photons. En remplaçant ces photons par des 0 ou des 1 suivant leur

Physique quantique versus arithmétique.

L'inviolabilité (supposée) de la méthode RSA repose sur la complexité de la factorisation des nombres entiers. Celle du codage quantique est de toute autre nature puisqu'elle repose sur un principe de physique fondamentale. Actuellement, elle est utilisable si l'émetteur et le récepteur ne sont pas éloignés de plus de cent kilomètres.

Un résultat également lié à la physique quantique contribue à se méfier encore davantage de la méthode RSA. Peter Shor a montré en 1994 qu'avec un ordinateur quantique on pourrait factoriser efficacement des nombres entiers. Ces machines sont pour l'instant purement fictives. Il n'est même pas sûr que l'on puisse un jour les mettre au point mais si on y parvenait, les méthodes de codage fondées sur la complexité de la factorisation des entiers deviendraient obsolètes.

Cependant, cette seule possibilité fragilise la méthode RSA. Comment savoir si certains services n'ont pas découvert le moyen de factoriser de très grands nombres ?

La téléportation est-elle possible ?

Un doigt de rêve, un doigt d'imagination fertile, un doigt de science fiction, deux doigts de physique, beaucoup de patience, mélangez tout cela, et vous arriverez à la téléportation ; pas à la téléportation façon Star Trek, mais à un phénomène plus modeste et guère simple.

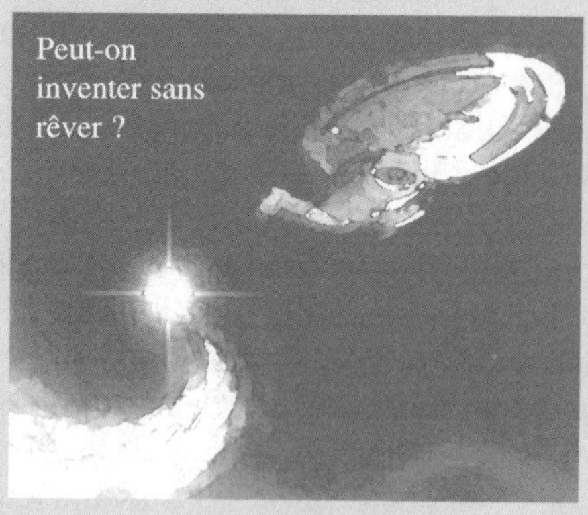

La téléportation d'un objet d'un point A à un point B, n'est pas le déplacement physique de l'objet de A vers B. C'est plutôt l'envoi d'un signal de A vers B contenant les "plans" de l'objet, puis la "reconstruction" de l'objet au point B. La reconstruction se fait à partir d'atomes qui se trouvent déjà en B. Par conséquent, aucune matière ne voyage, seulement de l'information ou une sorte d'information. L'objet en B n'est donc pas le même que l'objet en A, il n'est pas fait des mêmes atomes, il s'agit plutôt d'une copie parfaite. De ce fait, cela ne correspond pas du tout à ce qui se fait dans Star Trek ; il ne s'agit pas de faire voyager des personnes ou des structures atomiques.

La théorie quantique, mise en œuvre dans la téléportation, repose sur un effet qui semble à première vue violer une les lois de la physique, en particulier, le fait que rien ne peut dépasser la vitesse de la lumière. En effet, le phénomène en question, appelé effet EPR (de Einstein, Podelski et Rosen), stipule que dans certaines conditions une influence (sûrement) mystérieuse de nature typiquement quantique peut se propager instantanément d'un point à un autre, ce qui est en pleine contradiction avec la théorie de la relativité d'Einstein qui affirme qu'aucune forme de matière ou d'énergie ne peut se déplacer plus rapidement que la lumière. Comment cela est-il possible ? Tout simplement parce que cette influence n'est ni matérielle, ni énergétique !

Cet effet apparaît en général dans le contexte suivant. Dans certaines circonstances, après avoir interagi et s'être éloignées l'une de l'autre, deux particules peuvent rester unies par un lien mystérieux. Les deux particules ont beau être distantes de milliards de kilomètres, elles restent d'une certaine façon en contact l'une avec l'autre. On dit que les deux particules forment une paire EPR. Malheureusement, cette influence instantanée ne peut pas être utilisée directement pour communiquer. En effet, la perturbation générée par une mesure est complètement aléatoire, et ne peut donc pas être contrôlée, c'est pourquoi on dit que la théorie quantique est indéterministe. Par conséquent, la perturbation induite sur la deuxième particule d'une paire EPR est tout aussi aléatoire et incontrôlable. Cette influence d'une particule à l'autre ne peut donc pas être utilisée pour envoyer des messages. Ce point est crucial. En effet, si une communication instantanée était possible, cela conduirait à toutes sortes de paradoxes.

Mais la téléportation, est pourtant clairement un moyen de communication et il n'y a pas paradoxe, car la téléportation est en réalité limitée par la vitesse de la lumière. En effet, elle se réalise en deux étapes : une première typiquement quantique et instantanée (effet EPR), et une deuxième limitée par la vitesse de la lumière (effet classique). La téléportation n'étant complétée qu'après la deuxième étape, elle ne prend donc pas effet instantanément.

Et dire qu'Einstein, lorsqu'il a imaginé cette expérience au début du siècle, espérait détenir une preuve que la physique quantique était fausse !

polarisation, ils obtiennent leur clef secrète. Si Rasta-Boy a mesuré la polarisation des photons durant la transmission, il l'a perturbée sans doute et Camille et Charles ne sont plus en possession de la même clef. Pour vérifier qu'ils ont bien la même clef, ils peuvent, par exemple, en comparer une portion (via un canal non sûr) qu'ils jetteront ensuite. Il existe d'autres façons plus subtiles de vérifier qu'ils ont la même clef.

Regardons comment peut travailler l'ordinateur ; quand Camille transmet l'état d'un photon X à Charles, elle lui fait parvenir quatre "positions" de base : CC, DD, CD, DC. Il suffit de convenir à l'avance d'un code selon lequel ces positions correspondent aux quatre premiers nombres en base binaire. A partir de là, on laisse travailler l'ordinateur. Il se chargera de transformer un texte écrit en mots, en langage binaire. Ensuite, il suffit que Camille et Charles partagent un nombre suffisamment grand de photons corrélés (une paire de photon pour 4 bits) pour échanger tous les messages qu'ils voudront.

Les difficultés de la méthode

En théorie, rien de plus simple. Dans la pratique, ça se complique. Cela suppose que Camille sache faire interagir un très grand nombre de photons en un laps de temps suffisamment court. Elle suppose ensuite que Charles, une fois qu'il a reçu les informations de Camille, sache mesurer les positions des photons qu'il a en stock, tout en les gardant dans le bon ordre.

Une fois la technologie du codage quantique bien au point, les militaires disposeront d'un système de chiffrement vraiment incassable parce que la transmission sera totalement indétectable : difficile de déchiffrer un message qu'on est incapable de capter !

L'intérêt pour les militaires

La situation intéresse d'autant plus les militaires qu'ils sont de plus en plus inquiets de la fragilité de leur code secret. Actuellement, en effet, le chiffrement repose sur un principe mathématique simple : si X et Y sont deux nombres, il est très simple de les multiplier l'un par l'autre pour trouver le résultat P. Si P est vraiment très grand (supérieur à 1 suivi d'une centaine de 0) il est extrêmement difficile de faire l'opération inverse, c'est-à-dire de trouver ses facteurs premiers.

Max Planck

Max Planck (1858-1947) a obtenu le prix Nobel de physique en 1918 pour son élaboration de la théorie quantique.

Mais "extrêmement difficile" ne veut pas dire impossible. Nul ne peut garantir qu'un mathématicien génial ne trouve une solution pour résoudre rapidement le problème. En outre, l'avènement probable des premiers ordinateurs quantiques (qui utiliseront l'ubiquité des particules élémentaires pour faire plusieurs calculs en même temps) multipliera par plus d'un million notre capacité de calcul.

Un goût de science fiction

Alors qu'il y a encore quelques années elle appartenait au domaine de la science-fiction, il apparaît qu'il n'y a actuellement aucune obstruction théorique à la réalisation de canaux de transmission et d'ordinateurs quantiques. Plusieurs expériences allant dans ce sens ont déjà été réalisées.

Conclusion

Ainsi donc, on peut coder de façon inviolable et transmettre les informations. Mais les théoriciens toujours en avance d'une génération, en sont à la téléportation. Il ne s'agit pas d'une chimère, la méthode est plutôt simple ; imaginons que nous souhaitons téléporter une statue. Il suffit de la scanner en trois dimensions au moyen d'un rayon laser. Cette empreinte, qui se présente sous la forme de données chiffrées, est ensuite expédiée via un fax. A l'arrivée enfin, une machine de stéréolithographie réinterprète les données et recrée l'objet original en coulant des couches successives de résine.

Le vrai rêve des auteurs de science-fiction, est bien celui de la téléportation des êtres humains, mais là, il faut être patient ; très patient !

Chérif Zananiri

L O U I S - J E A N
avenue d'Embrun, 05003 GAP cedex
Tél. : 04.92.53.17.00
Dépôt légal : 582 — Août 2001
Imprimé en France